U0191119

NHK
趣味园艺

2

藤本月季·玫瑰
12月栽培笔记

[日]后藤绿◎著

谢 鹰◎译

机械工业出版社
CHINA MACHINE PRESS

图片：白色龙沙宝石（Blanc Pierre de Ronsard）

12月
栽培笔记
Climbing Rose

目 录
Contents

12 月栽培笔记   33

藤本月季的主要病虫害及防治方法   78

问答 Q&A   86

本书的使用方法

小指南

我是"NHK趣味园艺"的导读者，这套丛书专为大家介绍每月的栽培方法。其实心里有点小紧张，不知能否胜任每种植物的介绍。

本书就藤本月季的栽培，以月份为轴线，详细解说每个月的工作内容和管理要点，还通俗易懂地介绍了藤本月季的主要类型、品种及病虫害的防治方法。

※「藤本月季栽培的基本知识」（第5~19页）中，介绍了藤本月季的株型、部位名称、栽培必需的工具与材料、造型示例等。

※「不同株高的藤本和半藤本品种推荐」（第20~32页）中，将经典热门的老品种和抗病易养的新品种分为中型、大型、中小型进行介绍。

※「12月栽培笔记」（第33~77页）中，将每月的工作分为两个等级进行解说，分别是新手也必须进行的工作 **基础**，以及供中、高级栽培者提高能力的工作 **挑战**。

列出了本月的主要工作

基础 新手也必须进行的工作

挑战 供中、高级栽培者提高能力的工作

列出了本月的管理要点

※「藤本月季的主要病虫害及防治方法」（第78~85页）中，针对藤本月季的主要病虫害及应对措施进行了讲解。

※「问答 Q&A」（第86~94页）中，回答了藤本月季栽培中的常见问题。

- 本书的内容以日本关东以西的地方为基准（译注：气候类似我国长江流域）。由于地域和气候的关系，藤本月季的生长状态、开花期、栽培工作的适宜时间等会存在差异。此外，浇水和施肥量仅为参考值，请根据植物的状态酌情而定。

- 在购买和使用适合当月病虫害的药剂时，请仔细确认包装上的适用症状说明。

藤本月季
栽培的基本知识

介绍培育前需要了解的藤本月季性质、
挑选栽培地点的方法及必需材料。

玛丽·帕维
Marie Parvié

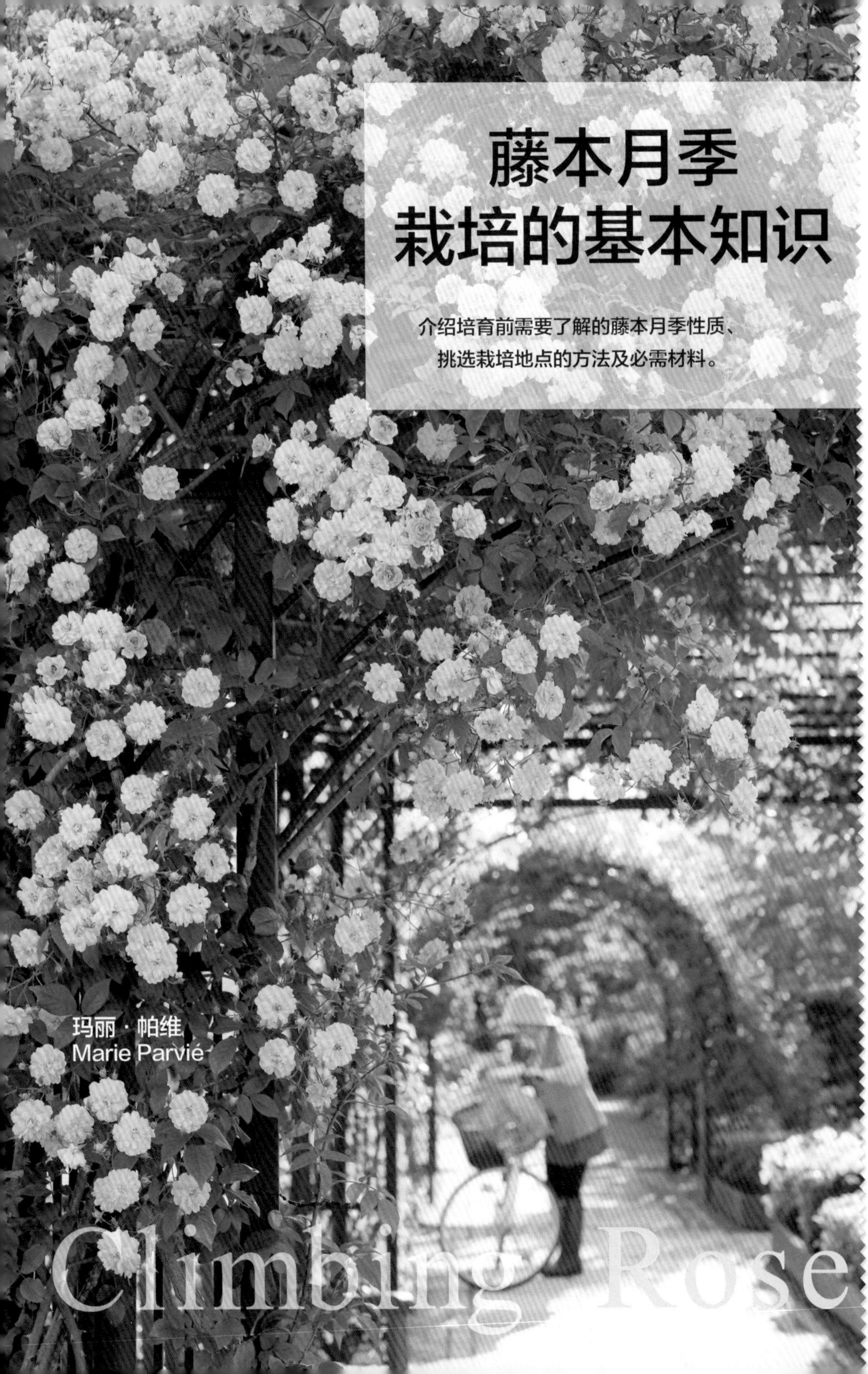
Climbing Rose

NP-S.Oizumi

初识藤本月季

栽培基础及推荐品种

藤本植物有很多种，但恐怕没有哪一种能像藤本月季这般花朵种类丰富，美丽多姿。藤本月季拥有蓬勃生长的芽，青翠欲滴的叶片，还有繁茂盛开的花朵，治愈人心。院子里只要种上一株，便能为整座家园营造出温馨柔和的氛围，这正是藤本月季的一大魅力。

而藤本月季的最大魅力在于，长长的枝条与支撑物融为一体，构成了与众不同的别样景致。观察朝向太阳的枝条的生长状况，在春季欣赏该枝上竞相绽放的无数花朵，在这个如梦似幻的世界里，我们所能享受到的，是种植藤本月季才能获得的喜悦。藤本月季生性强健，不挑地域，无论在寒冷地带还是温暖地带都能栽培。并且，通过每年修剪和牵引长枝条，可以让藤本月季变化出各种造型，颇为有趣，这是一种可以栽培很多年的植物。请参考本书来实践全年的栽培步骤，种植心仪的品种吧。

藤本月季的基本知识

藤本月季分为藤本型月季与半藤本型月季，有株高超过 5m 的大型藤本月季，也有低于 2m 的半藤本型月季，因此在小院和阳台都能放心栽培。只不过，挑选适合栽培环境的品种极为重要。纵然是自己喜欢的花朵，如果环境不适合，也只会白忙活一场。首先，请确认右页的 4 项要点，从自家的栽培环境中找出适合种藤本月季的地点吧。

半藤本型月季，即介于灌丛月季与藤本型月季之间的月季。长的藤条有 2m 左右，与藤本型月季相比，生长比较缓慢，适合往小型支撑物上牵引。

牵引到木篱笆上的藤本"巴黎绒球（Pompom de Paris）"。

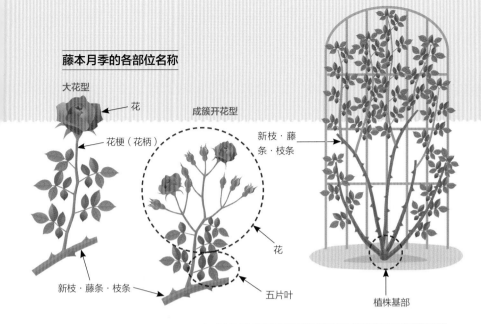

藤本月季的各部位名称

大花型

花

花梗（花柄）

新枝·藤条·枝条

成簇开花型

新枝·藤条·枝条

花

花

五片叶

植株基部

首先来检查庭院吧

① 想象未来的样子

确定准备用多大的空间来给藤本月季做造型。不同的空间大小，适合的藤本月季也不同（品种的选择参见第20页）。

② 确保栽培用地

栽培用地的大小必须足以挖掘直径、深度均为50cm的土坑。若不能深度挖掘，就得有广阔的空间让根系横向扩张。土质不佳的情况下，可以改良土壤或用花盆栽培。

③ 保障日照与通风

有半天以上的日照、通风良好的地方最为合适。即使植株基部在背阴处，只要叶片能晒到太阳就可以栽培。幼苗起初种在花盆里，置于向阳处培育，待藤条长到能晒到太阳的高度时再定植庭院。

① 想象未来的样子

确保有牵引
藤条的空间 ④

③

保障日照
与通风

确保栽培用地 ②

④ 确保有牵引藤条的空间

藤本月季不会自己攀缘墙壁，因此需准备方便藤条依附的支撑物。例如，在墙壁上安置钢丝（参见第88页），或者搭建拱门、花格架、塔架（参见第13、89页）等。

初识藤本月季

9月下旬至11月上市的状态良好的大苗

NP-M.Tanaka

为方便搬运，多数大苗都被剪短了枝条。移栽到庭院或花盆中，春季之后便会长出该品种的正常枝条。快来挑选粗壮结实、新鲜而有活力的大苗吧。

9月下旬至11月上市的状态不佳的大苗

NP-M.Tanaka

切勿挑选枝条上有伤痕，枝叶枯萎发蔫的苗。也不要忘记检查根部，看看是否患有根癌病（参见第79页）。

春季的长藤苗　　**冬季的长藤苗**

NP-N.Kamibayashi　　*NP-M.Fukuda*

藤本月季苗的购买窍门

　　藤本月季苗可以在网店、花市等处买到。有的店全年有售，但主要还是4月后的春季及9月后的秋冬季节大量上市。另外，苗的状态会因季节而变化，选择枝条健壮的植株即可。

　　无论选择哪个品种，都建议在购买前仔细查阅网络资料、书籍、商品手册等。根据喜欢的花色、花朵直径、香味、株高、有无抗病性等，列好大致的优先顺序后再去购买，这样便于确定目标。

枝条长得长、初现藤本月季风貌的盆栽苗，适合买回来以后，想立刻牵引到支撑物上的人。春季的苗有花有叶，而到了9月下旬至11月时，也有被剪去枝叶的苗。

藤本月季栽培的相关用语

*列举了书中出现的主要的栽培相关用语

大苗 指培育了1年左右的嫁接苗。近年来，主要在9月下旬至11月于市面出售。

施放置型肥 即把固体肥料放在花盆边缘。根据花盆大小，施加规定量的月季专用固体有机肥料。

寒肥 在冬季，为休眠的庭院月季施加的迟效性有机肥。这是一种非常重要的肥料，能够在土壤中缓慢分解，有助于根部生长和发芽。

五片叶 园艺品种的月季复叶多有五片小叶，故名"五片叶"，而紧挨着花柄下方的多为"三片叶"。五片叶的叶柄根部通常能长出强健的芽。花后修剪的时候尽量在大五片叶的上方剪断。有的品种还有七片叶乃至更多的小叶。

新枝 指从植株基部或藤条中段长出来的长枝条。从植株基部长出的新枝称为笋枝，从藤条中段长出的则叫侧枝。培育优质的新枝，可使藤本月季在来年开出优质的花朵。

周年长度 指藤本月季在一年内由植株基部长出新枝的长度。长度会因品种和地区的不同而有差异。

修剪 即剪去多余的枝条。不仅能调整株型，还能整理交错的枝条，让植株内部也晒到阳光，加强通风。

氮元素 与磷、钾同为肥料的三要素之一。能促进茎叶的发育，让植物茁壮生长。

土壤改良 即对种植的土壤进行改良，有助于培育植物。通常是在土壤中掺入腐叶土或完熟的堆肥，以软化土壤。

头茬花 4—5月时，一年中最早绽放的花朵称为头茬花，下一波花朵则叫二茬花。一年开花一次的品种为"单季开花型"，开花两次以上的品种为"反复开花型"，从春季至秋季一直反复开花的品种则为"四季开花型"。

根系盘结 指盆栽月季的根系布满花盆，致使植株无法吸收水分与养分的状态。

换盆（换土） 即为休眠中的盆栽月季更新用土。主要在1—2月进行。

花枝（花茎） 指开花的枝条。也叫Stem。

花后修剪 即摘除开败的花朵，摘残花。

盲枝 指本应开花，却没能开花的新梢。气候条件和品种特性对盲枝的形成有一定影响，但出于某些原因，有时月季也会选择保留"体力"而不结蕾。

牵引 将长出来的藤条与地面保持垂直或水平压倒，用绳子固定在拱门、塔架等支撑物上面。

栽培前需要准备的工具和材料

介绍种藤本月季时必需的工具和材料。

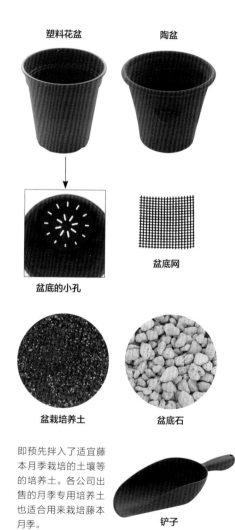

塑料花盆

陶盆

盆底的小孔

盆底网

盆栽培养土

盆底石

即预先拌入了适宜藤本月季栽培的土壤等的培养土。各公司出售的月季专用培养土也适合用来栽培藤本月季。

铲子

盆栽

用花盆种植藤本月季时，必须备好花盆、培养土、肥料。如果花盆比苗大太多，土壤就不易变干，会因过于潮湿而引发根系腐烂。如果花盆太小，则会出现根系盘结，土壤干燥快，植株容易倒。因此，根据苗的大小来挑选最佳尺寸的花盆吧。

花盆 市面上有塑料、陶等材质的色彩迥异的花盆，应选择盆底与地面留有缝隙、盆底小孔数量适中的花盆。盆底小孔过大时，需要铺垫盆底网。

种植新苗时使用 6 号盆[⊖]，7 月下旬移栽至大一圈的 8 号盆（参见第 49 页）中。

培养土 选用适合栽培藤本月季的优质土壤。基本来说，市面上那些用小粒至中粒的硬质赤玉土、硬质鹿沼土、轻石等混合而成的培养土最为方便。便宜的土壤大多容易碎掉，因此要慎重选择。往花盆中填土时，用铲子会更加便捷。

盆底石 将轻石等盆底石铺 2cm 厚后，再填入培养土。

肥料 包括在种植、移栽时拌入土中的基肥和追肥，以及放置型肥。

⊖ 一般花盆的号数约是花盆直径（单位为厘米）的 1/3，即 6 号盆的直径约为 18cm。

庭院栽培

藤本月季只要种在通气性、排水性优良的颗粒土壤里，再保障好日照等环境条件，最短一年时间，藤本月季就能快速成长。把种植地的土壤翻起来检查状态，然后根据实际情况对土壤进行改良。庭院栽培需要一些材料，如用于种植和施寒肥的堆肥等，当必须改善土质时，还会用到其他材料。

肥料 将月季专用的固体肥料、缓效性有机肥料（氮的质量分数为2%、磷的质量分数为8%、钾的质量分数为4%等）、缓效性复合肥料（氮的质量分数为6%、磷的质量分数为40%、钾的质量分数为6%等）与腐叶土等堆肥混合后使用。

堆肥 种植过程中（种植后每年一次）进行施肥时，把腐叶土、牛粪堆肥等拌入土壤，以改善土质。

改善土质的材料 种苗时，如果挖出的土壤质地坚硬，或者是排水性差的黏土质，为了让月季的根系茁壮成长，必须改善土质。

肥料
（盆栽、庭院栽培通用）

缓效性有机固体肥料。用量请参照商品包装上的规定量。

堆肥

左图为腐叶土，右图为牛粪堆肥。其他的还有马粪堆肥等。一定要用完熟的堆肥。

改善土质的材料

左图是用于改善排水性的硅酸盐白土。右图为改善通气性和黏土质的椰壳。

栽培前需要准备的工具和材料

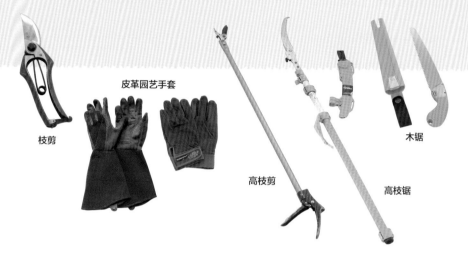

皮革园艺手套

枝剪

高枝剪

木锯

高枝锯

防治病虫害的药剂等
（盆栽、庭院栽培通用）

藤本月季平日里不可或缺的养护工作就是病虫害的预防和治疗。药剂分为四种：预防病原入侵的"预防型杀菌剂"、治疗病原菌的"治疗型杀菌剂"、驱除害虫的"杀虫剂"（对红蜘蛛要用杀螨剂）、兼具治疗与驱除害虫效果的"杀虫杀菌剂"。主要为喷洒的形式，为防止药液沾到手上或吸入人体内，请戴好橡胶手套、防农药口罩，并穿好长袖工作服吧。

修剪工具
（盆栽、庭院栽培通用）

对藤本月季进行养护时，修剪必不可少。根据植株的大小来准备以下工具吧。

枝剪 不用费力就能轻松剪下枝条的专用剪刀。价格略贵也没关系，准备好一把锋利、顺手的枝剪吧。

皮革园艺手套 操作时戴上厚皮革园艺手套以防被藤本月季刺伤手。

木锯 用于切割粗壮的枝条。选用锯齿较细的即可。

高枝剪 藤本月季往往高处枝叶繁茂，植株长大以后，准备一把高枝剪会让剪枝更加方便。另外，对高处进行修剪和牵引时，梯凳也必不可少。

高枝锯 相比高枝剪，高枝锯便于修剪范围更广的枝条，即使不站在梯凳上，也能不费吹灰之力地一次剪下大量的高处枝条。

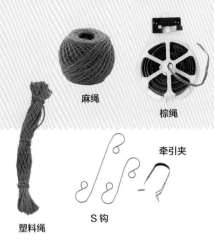

麻绳

棕绳

牵引夹

S 钩

塑料绳

牵引工具
（盆栽、庭院栽培通用）

为了把藤本型月季、半藤本型月季的枝条固定、牵引到支撑物上，绳子和钩子必不可少。根据藤条的生长状况和称手性来挑选吧。

麻绳 在进行牵引、缠裹用于防寒的无纺布时，可选择一种粗细称手的麻绳。有的厂商还推出了彩色绳。

塑料绳 指内含钢丝的塑料绳，能够弯曲固定，因此能提高牵引工作的效率。推荐用来固定生长中的嫩枝。

棕绳 指粗壮结实的棕榈绳，可用于把老枝牢牢固定在支撑物上。

S 钩和牵引夹 能够轻松完成把多根枝条束拢、固定在支撑物上等牵引工作，可以多次使用。

搭建牵引空间
（盆栽、庭院栽培通用）

藤本型月季、半藤本型月季的支撑物多种多样，如拱门、篱笆、塔架、亭子等。请根据造型方式和月季品种，来选择可以支撑月季藤条的结实产品，如铁制支撑物等。此外，还有在墙壁等现成位置搭建牵引空间的方法（参见第 88~89 页）。

小型篱笆

塔架

藤本月季的主要造型示例

藤本月季可以牵引在各种支撑物上，让花朵立体地开放。下面将介绍六种主要的造型方法。

拱门造型

拱门容易安放在家门前及庭院的入口处，其乐趣在于人可以从里面穿行。穿梭于花丛之间，可谓是梦幻无比。要想勾勒出美丽的弧线，开满繁茂的花朵，诀窍在于挑选花茎不是太长的品种。

左下图中是被"雪雁"的纯白花朵覆盖的拱门。拱门两侧各种了一株品种相同的月季。右下图中，拱门左侧种了黄色花朵的藤本月季，右侧则种了浅粉色花朵的藤本月季，打造出了一座色彩淡雅的可爱拱门。

M.Goto　M.H.Imai

塔架造型

花柱、塔架是庭院中的焦点，适合藤条纤细柔软、容易牵引的品种及半藤本品种。这种造型可360°呈现月季开花的美景，无论从哪个角度都能欣赏到花朵。

塔架有圆柱形、四角锥形、圆锥形等多种形状，藤本月季适合用直径大于30cm的塔架做牵引。左下图中为"春霞（Harugasumi）"，牵引时露出了顶部的装饰。右下图中是花朵繁盛到几乎遮住了塔架的"芭蕾舞女"。

NP-T.Maki NP-H.Imai

藤本月季的主要造型示例

花格架、篱笆造型

　　为了让花朵集中在靠近地面的位置开放，需要在冬季压倒藤条，牵引时令其与地面平行。待藤条变长后，朝着希望它生长的方向往斜上方牵引。低矮的篱笆和花格架难以对大型的藤本月季进行牵引，因此推荐使用半藤本型月季或迷你藤本月季。

左下图中是在木制花格架上牵引了"龙沙宝石"后的艳丽景致。右下图中是开满了小花的"梦幻少女"。开小花的品种即使在狭小的空间中，也不会造成拥挤感。

墙面造型

先构思好想要营造出的景色，然后在墙壁上搭建让藤条攀附的钢丝（参见第88页）或支柱来做牵引。如果让藤条爬满窗户四周，那么从室内也能欣赏花朵绽放的模样。墙壁附近要是种植了树木花草，将不便于摆放梯凳。右图中牵引的是"保罗的喜马拉雅（Paul's Himalayan Musk）"。

墙面

藤架造型

由于藤架造型必须覆盖大片面积，所以得先确立目标，预备几年内完成造型，然后再考虑相应的品种和植株数量。若想尽早完成覆盖，可以种长藤苗。窍门在于预先决定要让哪根新枝长得最长，待其长成后，再去促进低处其他枝条的生长。如果为上方的棚顶和柱子周围种上不同的品种，藤架的样子将变得丰富多彩，很是好看。右图中为藤本"茉莉亚的玫瑰"。

藤架

其他造型

即便不使用塔架、篱笆等成品，藤本月季也可以牵引到房屋四周的柱子、阳台的扶手或者像右图中那样的树木上。打造出立体的造型，欣赏花朵在头上方开放的模样，这正是栽培藤本月季的魅力之一。

其他

17

藤本月季栽培主要工作和管理要点月历

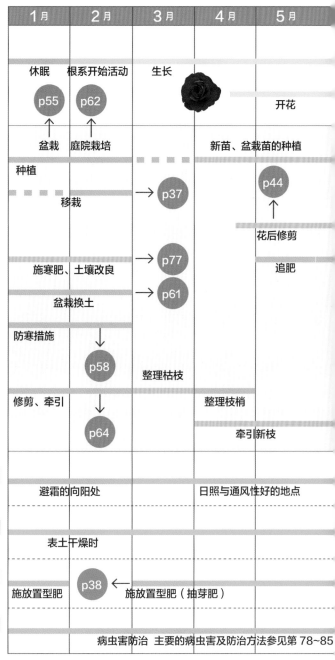

	1月	2月	3月	4月	5月

生长状态

休眠　根系开始活动　生长

p55　p62

开花

盆栽　庭院栽培　　　　新苗、盆栽苗的种植

主要工作

种植
→ p37
p44

移栽
花后修剪

施寒肥、土壤改良 → p77　追肥

盆栽换土 → p61

防寒措施
p58　整理枯枝

修剪、牵引　整理枝梢
p64
牵引新枝

管理要点

摆放（盆栽）　避霜的向阳处　日照与通风性好的地点

浇水（盆栽）　表土干燥时

肥料（盆栽）
施放置型肥　p38 ← 施放置型肥（抽芽肥）

病虫害防治　病虫害防治　主要的病虫害及防治方法参见第78~85

以日本关东以西为准（气候类似我国长江流域）

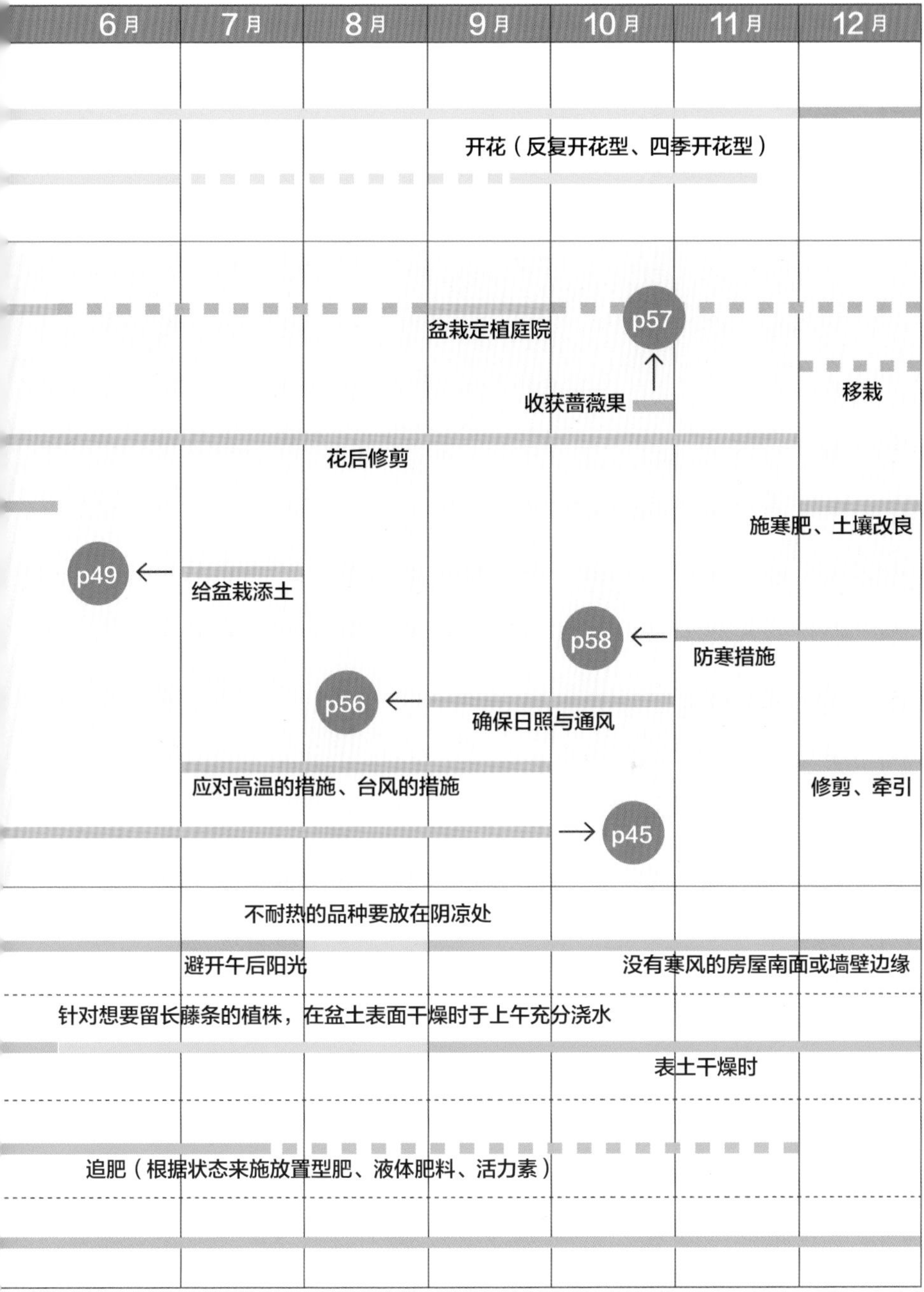
6月
7月
8月
9月
10月
11月
12月
开花（反复开花型、四季开花型）
p57
盆栽定植庭院
移栽
收获蔷薇果
花后修剪
施寒肥、土壤改良
p49
给盆栽添土
p58
防寒措施
p56
确保日照与通风
应对高温的措施、台风的措施
修剪、牵引
p45
不耐热的品种要放在阴凉处
避开午后阳光
没有寒风的房屋南面或墙壁边缘
针对想要留长藤条的植株，在盆土表面干燥时于上午充分浇水
表土干燥时
追肥（根据状态来施放置型肥、液体肥料、活力素）

不同株高的
藤本和半藤本品种推荐

将花量大的魅力品种分为三种株高来做介绍。

大型株高在 4m 以上，中型株高在 2m 以上，中小型株高在 1.5m 左右。请根据牵引地点及支撑物来挑选藤本月季。

中型

❶ 开花周期 ❷ 花朵直径
❸ 株高（1 年内藤条的伸长长度）
❹ 原产地·育种者，育种年份
❺ 建议的造型方式（拱门→A、塔架→B、花格架、篱笆→C、墙面→D、藤架→E）

龙沙宝石 Pierre de Ronsard

❶ 略偏反复开花 ❷ 9~12cm ❸ 3.0m
❹ 法国·玫兰（Meilland），1985 ❺ A B C D E

当花瓣边缘染上深粉色，花朵开始绽放时，样子十分浪漫。枝条健壮·易于牵引。花朵向下低垂，因此适合种在可以仰望的位置。

NP-H.Imai

拉布瑞特 Raubritter

❶ 单季开花 ❷ 3cm ❸ 2.0m
❹ 德国·科德斯（Kordes），1936 ❺ Ⓐ Ⓑ Ⓒ

杯状的花朵很可爱。花量大，花朵成簇开放，并且花期持久。节间短，所以也适合紧凑的造型。

NP-T.Narikiyo

慷慨的园丁
The Generous Gardener

❶ 反复开花 ❷ 9cm ❸ 2.0m ❹ 英国·奥斯汀（Austin），2002 ❺ Ⓐ Ⓑ Ⓒ Ⓓ Ⓔ

花朵散发没药与麝香的混合香味，具有白色至粉色的柔和色彩。植株精力充沛时，基部会发出多根又长又粗的新枝。每年更新枝条即可。

NP-A.Takenae

↓ 威基伍德玫瑰
The Wedgwood Rose

❶ 反复开花 ❷ 8cm ❸ 2.0m ❹ 英国·奥斯汀，2009 ❺ Ⓐ Ⓑ Ⓒ Ⓓ Ⓔ

花朵会从杯状变成莲座状。待枝条长大后再牵引到墙面上，开花时花朵会略微低垂，样子自然而美丽。

David Austin Roses

Keisei Rose

克里斯蒂娜 Christina

❶ 四季开花 ❷ 8cm ❸ 2.0m
❹ 德国·科德斯，2013 ❺ Ⓐ Ⓑ Ⓒ

深杯状的娇弱花朵散发出柠檬型清新香味。刺少，抗病性强，容易培育。花柱造型尤其美丽。

中型

T.Kawai

白色织梦者 White Dream Weaver

←

① 四季开花，反复开花 ② 6cm ③ 2.0m
④ 日本·河合伸志，2015 ⑤ B C D

花期相当持久。也适合与其他月季、植物搭配种植，易与墙壁等背景融为一体。勤剪残花可令植株一直开花至秋季。

NP-H.Imai

↓ 撒哈拉 98 Sahara' 98

① 反复开花 ② 8cm ③ 2.5m
④ 德国·坦陶（Tantau），1996 ⑤ A B C D E

黄色的花朵边缘镶了一圈橙色，鲜艳而醒目。枝条虽粗却容易牵引。打造景色时可令其横向扩展生长。

M.Goto

↑格拉汉·托马斯
Graham Thomas

① 反复开花 ② 7cm ③ 1.4m
④ 英国·奥斯汀，1983 ⑤ B C D

端正的杯状花朵，散发出清爽的茶香。新枝直立生长，即使剪得错落不一也能开花。既可以盆栽，也可在花格架、塔架上牵引，还可以欣赏自然的株型。

泡芙美人 Buff Beauty

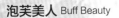

❶ 反复开花 ❷ 8cm ❸ 2.0m ❹ 英国·本特尔（Bentall A.），1939 ❺ Ⓐ Ⓑ Ⓒ

枝条刺少而坚硬，横张型。如果想让篱笆上的植株向左右两边生长，就要尽早把新枝转向想要牵引的方向，朝斜上方固定即可。

NP-H.Imai

M.Goto

↑ 黄油硬糖 Butterscotch

❶ 四季开花，反复开花 ❷ 10cm ❸ 2.5m
❹ 美国·沃里纳（Warriner），1986
❺ Ⓐ Ⓑ Ⓒ Ⓓ Ⓔ

花色朴素，古典而美丽。与黑色的铁支柱、塔架十分相称，随便牵引也能营造良好的氛围。

↓ 藤本"茱莉亚的玫瑰"
Julia's Rose, Climbing

❶ 略偏反复开花 ❷ 11cm ❸ 4.0m
❹ 日本·小松花园，2003 ❺ Ⓐ Ⓑ Ⓒ Ⓓ Ⓔ

种植生长超过三年便会长出粗壮的新枝，植株变大。在此之前需为植株做好消毒工作以防患病，防止长势不佳。造型适合篱笆和藤架。

M.Goto

NP-H.Imai

洛可可 Rokoko

❶ 反复开花 ❷ 12cm ❸ 3.5m
❹ 德国·坦陶，1987 ❺ Ⓒ Ⓓ

花瓣呈波浪状，开花时展开的幅度大。花期持久，多花性的植株营造出了一道亮丽的风景。植株会长出粗壮的新枝，因此每年都能更新枝条。建议做篱笆造型。

23

M.Goto

T.Kawai

↑ **大游行** Parade

❶ 反复开花 ❷ 8cm ❸ 3.0m ❹ 美国·博尔纳（Boerner E.），1953 ❺ Ａ Ｂ Ｃ Ｄ

与浅粉色的月季搭配种植时，二者相得益彰。不适合太小的造型，更适合大型的拱门或篱笆。可以一直开花到秋季。

↑ **火蜥蜴** Salamander

❶ 四季开花，反复开花 ❷ 7cm ❸ 2.5m ❹ 日本·河合伸志，2016 ❺ Ａ Ｂ Ｃ

成簇开花，花期持久，花蕊之外的部分鲜少褪色。花色的变化很有趣。秋季时，粗枝不会开花，细枝却会。

M.Goto

盖伊·萨沃伊 Guy Savoy

❶ 四季开花，反复开花 ❷ 10cm ❸ 1.8m ❹ 法国·德尔巴（Delbard），2001 ❺ Ｂ Ｄ

混色的花朵呈波浪形，十分优雅。植株直立生长，营造出美丽的景色。花色朴素，易与其他的花朵搭配种植。

奥德赛 Odysseia

❶ 四季开花，反复开花 ❷ 8cm ❸ 1.7m ❹ 日本·木村卓功，2013 ❺ Ａ Ｂ Ｃ

泛紫的暗红色花朵呈平坦状。瓣尖是优雅的波浪形。具有大马士革现代香型的浓郁香味。可以用小型的篱笆来做造型。

NP-T.Narikiyo

奥列夫 Olive

① 四季开花，反复开花 **②** 10cm **③** 3.0m
④ 英国·哈克尼斯（Harkness），1982
⑤ B C

不易泛黑的红色月季。不仅花朵的持久性拔群，
并且容易反复开花。因为香味不算浓郁，所以很
少受到害虫的侵害。植株呈直立生长。

M.Goto

M.Goto

都柏林海湾 Dublin Bay

① 四季开花，反复开花 **②** 10cm **③** 3.0m
④ 新西兰·麦格雷迪六世（McGredy Ⅵ），
1975 **⑤** A B C D

花瓣厚，花期持久。头茬花过后，只要回剪就能
立刻开出下一波花朵。植株强健而容易培育。可
以在建筑物的墙面等处呈放射状扩散牵引。

藤本 "冰山" Iceberg, Climbing

❶ 单季开花 ❷ 8cm ❸ 4.0m ❹ 英国·坎特（Cant B.），1968 ❺ A B C D E

历经 50 多年，人气依旧稳固如昔。竹叶般纤细的叶片、纯白色的花朵及尖形的美丽花蕾都充满了魅力。对白色花园来说是不可缺少的品种。外形、抗病性等整体条件优秀。

H.Imai

NP-H.Imai

杰奎琳·杜普蕾 Jacqueline du Pré

❶ 四季开花，反复开花 ❷ 7cm ❸ 2.0m ❹ 英国·哈克尼斯，1989 ❺ A B C

夏季也能零零星星地开出花朵，给人以清凉的感觉。花量大，但生长缓慢。花茎短，即使随便牵引也不显凌乱。

半重瓣 "阿尔巴" Alba Semi plena

❶ 单季开花 ❷ 7cm ❸ 2.5m ❹ 1629 年以前 ❺ A B C

浅桃色的花蕾到了开花时会变成纯白色。清爽的大马士革玫瑰香味。易长出粗壮的新枝。牵引时将藤条大幅度展开会更便于造型。还有果实可以欣赏。

M.Goto

↑ 繁荣 Prosperity

❶ 四季开花，反复开花 ❷ 6cm ❸ 1.8m
❹ 英国·彭伯顿（Pemberton J.），1919
❺ Ⓐ Ⓑ Ⓒ

花枝很短，适合任何一种造型，其中推荐拱门
造型。二茬花之后，会一直零散地开花到秋季。
花香清新。此花是一种在半阴处也能培育的健
壮品种。

→ 雪雁 Snow Goose

❶ 四季开花，反复开花 ❷ 4cm ❸ 3.0m
❹ 英国·奥斯汀，1997 ❺ Ⓐ Ⓑ Ⓒ Ⓓ Ⓔ

在英国月季中，算是难得一见的小花型。刺少，
生长旺盛，如果边牵引边令其生长，甚至可以覆
满藤架。秋花会变成奶油粉的颜色，格外美丽。

百叶蔷薇 *Rosa x centifolia*

❶ 单季开花 ❷ 8cm ❸ 1.5m
❹ 1596 年以前 ❺ Ⓐ Ⓑ Ⓒ

属于百叶蔷薇系列的基本种。花瓣数量之多，以至于有个别名叫包心玫瑰。法国南部为了提取精油而栽培它。枝条柔软易牵引。

中型

T.Kawai

浪漫勒波尔 Le Port Romantique

❶ 反复开花 ❷ 8cm ❸ 3.0m
❹ 日本·河合伸志，2015 ❺ Ⓐ Ⓑ Ⓒ Ⓓ Ⓔ

鲜艳的玫瑰色大朵簇状花。3~5 朵成簇绽放，反复开花。种在凉爽的地方，秋季也能开花。为"龙沙宝石"的枝变品种。

M.Goto

NP-M.Tsutsui

灰姑娘 Cinderella

❶ 四季开花，反复开花 ❷ 7cm ❸ 2.5m
❹ 德国·科德斯，2003 ❺ Ⓐ Ⓑ Ⓒ

柔和的粉色花朵紧凑开放，是一种十分强健的月季。枝条坚硬而多刺。

M.Goto

蓝色阴雨 Rainy Blue

① 四季开花，反复开花 **②** 7cm **③** 2.5m
④ 德国·坦陶，2012 **⑤** B C

前所未有的浅紫色系藤本月季。四季开花性十分
优秀。枝条纤细柔软。也可以在花盆里用小塔架
来做造型。

芭蕾舞女 Ballerina

① 四季开花，反复开花 **②** 3cm **③** 2.0m
④ 英国·本特尔，1937 **⑤** A B C

花期持久，即使花朵褪色了，也不会散落，而是
变成浅粉的渐变色。花香为麝香。半横张型，容
易长出结实的新枝。抗病性好，易栽培。

NP-M.Imai

NP-M.Tsutsui

M.Goto

藤本"历史" History, Climbing

① 四季开花 **②** 10cm **③** 1.5m
④ 德国·坦陶，2009 **⑤** B C

粉色的杯形花朵微微颔首。经得住风雨。由于花
茎很长，适合能让花朵松散开放的造型。只要植
株充实，就能经常开花。

藤本"俏红玫" Roseurara, Climbing

① 反复开花 **②** 8cm **③** 3.0m
④ 日本·井户繁夫，2013 **⑤** A B C

娇艳的玫瑰色花朵成簇开放。一朵朵坚挺的花朵
经得住风雨。此花是一种顽强而健壮的藤本月季，
不管剪哪个位置都能开出花朵。

29

NP-T.Maki

NP-T.Narikiyo

M.Gob

黄木香
Rosa banksiae 'Lutea'

❶ 单季开花 ❷ 2cm ❸ 3.5m
❹ 1824 年由约翰逊·丹珀·帕克斯（John Damper Parks）引入英国
❺ A B C D E

小轮的温柔黄花颇受欢迎。花朵成簇压枝的模样惹人喜爱。无刺且强健，容易培育，但植株长得太大的话，初夏至秋季则需勤剪残花。下图为单瓣品种。

↑ 单瓣黄木香
Rosa banksiae 'Lutescens'

← 白木香 *Rosa banksiae* var. *banksiae*

❶ 单季开花 ❷ 2cm ❸ 3.5m
❹ 1807 年由威廉·克尔（Willam Kerr）发现于中国 ❺ A B C D E

花朵成簇地娇艳绽放。比黄木香要晚开一周左右。几乎无刺，容易牵引。植株强健，可以长到很大。即使春夏之间进行修剪也能开出花朵。左下图为单瓣品种。

← 单瓣白木香
Rosa banksiae var. *Normalis*

NP-T.Narikiyo

M.Goto

M.Goto

↑蓝蔓月季 Veilchenblau

❶ 单季开花 ❷ 4cm ❸ 4.0m ❹ 德国·施密特（Schmidt J.C.），1909 ❺ A B C D E

刺少，牵引起来很轻松。如果种植在粉色系月季较多的角落里，别具一格的紫色能让景色更显精神。此品种的别名为蓝色藤月季（Blue Rambler）。

博比·詹姆斯 Bobbie James

❶ 单季开花 ❷ 3.5cm ❸ 4.0m ❹ 英国·托马斯（Thomas G.），1961 ❺ A B C D E

一根枝条上能结出 30 朵左右的花蕾，花后还能长出大量的圆形果实。头一年就能旺盛地长成大株。若要让植株在接近地面的位置开花，修剪时将从地表长出的新枝保留 1m 左右的长度即可。

阿尔贝里克 Albéric Barbier

❶ 单季开花 ❷ 6cm ❸ 4.5m ❹ 法国·巴比尔（Barbier），1900 ❺ B C D E

这种月季长出茶香味的莲座状花朵。枝条纤细易牵引。如果放任其一直生长，会使植株基部的花量变小，因此需 2~3 年剪一次基部附近的粗壮枝条，促进新枝生长，或是把侧枝牵引到基部，令其开花。

弗朗索瓦·朱朗维尔
François Juranville

❶ 单季开花 ❷ 6cm ❸ 4.5m
❹ 法国·巴比尔，1906 ❺ B C D E

花朵散发出青苹果的香气。枝条纤细易牵引。和"阿尔贝里克"一样长势旺盛。即使下垂也能开花，让枝条从藤架上长出来也是一番情趣。适合大型造型。

NP-H.Imai

NP-H.Imai

中小型

梦幻少女 Yumeotome

❶ 略偏反复开花 ❷ 3cm ❸ 2.0m
❹ 日本·德增一久，1989 ❺ A B C D E

开花之后，花色会从粉色褪至白色，但这种变化也十分可爱，可以欣赏到花朵优雅的模样。从小型造型到拱门都能胜任，化团锦簇的样子最是亮丽。

红瀑布 Red Cascade

❶ 四季开花，反复开花 ❷ 2cm ❸ 1.8m
❹ 美国·摩尔（Moore R.），1976 ❺ A B C

百看不厌的暗红色花朵成簇开放。花朵因重量而下垂的样子也别具风情。适合小型造型，可用塔架等做造型。

雪光 Yukiakari

❶ 反复开花 ❷ 3cm ❸ 2.0m
❹ 日本·小松花园，2005 ❺ A B C D E

花瓣厚而耐雨。抗病性强，也可以无农药栽培。若植株饱满，那么二茬花过后，秋季也能重新开花。也适合盆栽等小型造型。为"梦幻少女"的枝变品种。

芽衣 Mei

❶ 反复开花 ❷ 2cm ❸ 2.5m
❹ 日本·小松花园，2005 ❺ A B C D E

柔和的浅桃色花朵，深绿色的小叶片，再加上悠然舒展的藤条，并且和亲本"梦幻少女"一样耐热耐寒，还具备抗病性，是一种优秀的藤本月季。为"梦幻少女"的枝变品种。

12 月
栽培笔记

按月简明归纳了主要工作和管理要点。
通过每月养护让植株长出优良的枝条，
在支撑物上绽放花朵。

切维·切斯
Chevy Chase

Climbing Rose

NP-Y.Sakurano

本月的主要工作

- 基础 修剪
- 基础 牵引
- 基础 大苗的种植
- 基础 土壤改良
- 基础 施寒肥

1月的藤本月季

当室外温度降至 5℃ 以下时，藤本月季便会进入休眠状态。如果完成修剪工作后，叶片依然繁茂，还是把全部的叶片给摘掉吧，因为可能会留有红蜘蛛。这一时期，有些枝条会从尖端开始枯萎。它们都是前一年秋季之后长出的嫩枝，尚未饱满，没有能开出优质花朵的芽点，牵引后也容易枯萎，因此修剪时连根剪断。

藤条长长后没能紧凑地攀附在支撑物上。
2月之前需完成修剪和牵引，为春季做准备。

主要工作

基础 **修剪**（参见第64页）

保留优质枝条、修整植株的必要工作

冬季修剪是指在休眠期剪去枝条，修整植株的工作。藤本月季的修剪可与牵引工作配套进行。

这一时期因为落叶的缘故，株型及芽的位置都变得清晰明了。植株正处于休眠状态，即使把枝条剪短，水分从切口流失致使枝条枯萎等情况也会变少，因此须在12月至来年2月下旬完成修剪工作。

种植时间未超过3年的藤本月季在长到目标高度前，就得有意识地促进藤条生长，剪去瘦弱的、多余的枝条，整理枝条，让植株更好地贴合在支撑物上。种植时间超过3年时，有的品种会很难从植株基部发出枝条，所以修剪的目的也是长新枝，剪去老枝促进更新，让植株重获活力。

即使不修剪，藤本月季也不会立即枯萎，然而留着那些枯枝残花，长藤条彼此纠缠，通风和受光照条件也会随之恶化，易发生病虫害，因此每年必须修剪。

本月的管理要点

❄ 新种下的大苗、移栽的植株，避免霜冻

🌙 庭院栽培不需要浇水，盆栽在表土干燥时充分浇水

🔲 庭院栽培时施寒肥，盆栽时施放置型肥

⭕ 驱除月季白轮盾蚧等

基础 牵引（参见第 64 页）

把枝条均匀地分配在支撑物上

　　构思好春季的景色后，顺着支撑物均匀地分配枝条。如果想让植株开出大量花朵，就把枝条水平压倒，与地面平行牵引。此外，若希望植株能在种下后不久便爬满支撑物，为了促使植株长出优质的枝条，固定枝条时令其与地面垂直即可。

基础 大苗的种植

在根系开始活动的 2 月前进行种植

　　定植庭院请参见第 62 页，盆栽参见第 55 页。

基础 土壤改良（参见第 77 页）

每年一次的土壤环境改善工作

　　土壤因浇水、下雨、每日的养护工作等而被压实时，要进行松土，加强土壤透气性。如此能改善那些生长缓慢、很少发新枝的植株的生长状态。

基础 施寒肥（参见第 77 页）

每年一次的关键施肥

　　施肥是为了促进春季开花，以及开花后根系、枝条的生长。

管理要点

🔼 庭院栽培

🌙 浇水：**不需要**

　　种植时间超过 2 年的植株，几乎不浇水也没关系，但当连续多日放晴，土壤变得干燥时，则需要充分浇水。新种下的大苗和新移栽的植株要多加观察，以防植株缺水，过分干燥时需要进行浇水。

🔲 肥料：**寒肥**（参见第 77 页）

🪴 盆栽

❄ 摆放：**无强风的南侧**

　　新种下的大苗、虚弱的植株放在无霜冻和强风的向南处。

🌙 浇水：**约 7 天浇水一次**

　　表土干燥时充分浇水。

🔲 肥料：**施放置型肥**（参见第 38 页）

⭕ 病虫害防治：**驱除月季白轮盾蚧、红蜘蛛**

　　还应确认是否有星天牛啃食过的痕迹（参见第 83 页）。

February

2月

基础 基础工作

挑战 适合中、高级栽培者的工作

本月的主要工作

基础 修剪与牵引

基础 大苗的种植

基础 盆栽换土

基础 土壤改良

挑战 移栽

2月的藤本月季

藤本月季的芽依然安静地一动不动，但地下的根系却开始活动了。这一时期的大雪可能会造成雪灾，甚至弄断重要的枝条。所以得尽早修剪，把藤条固定在支撑物上。此外，建议土壤的改良工作尽量在2月内完成。

为了让花朵开放时将垃圾口包围而进行修剪和牵引的藤本月季。

主要工作

基础 修剪与牵引

在芽开始活动前，完成修剪与牵引

操作的顺序请参见第64页。

基础 大苗的种植（庭院栽培、盆栽）

在根系开始活动前完成种植

大苗从9月下旬开始上市，但不能一直种在买回来的花盆里，得在根芽开始活动的2月下旬前种进庭院或花盆里。定植庭院的步骤参见第62页。盆栽的种植方法参见第55页。

基础 盆栽换土

拔出根球，更换用土

种植满一年的盆栽，由于根系已充满花盆，需在根系开始活动的2月下旬前完成换土（参见第61页）。

基础 土壤改良（参见第77页）

不佳的土质需补充改良材料

对于排水性差、坚硬的土壤，建议每年耐心地反复改良土壤。在植株基部四周尽量挖宽挖深一些，把有机质的改良材料（参见第11页）、堆肥拌入挖

36

本月的管理要点

❄ 新种下的植株避免霜冻

💧 庭院栽培不需要浇水，盆栽在盆土干燥时于白天浇水

🔲 庭院栽培时施寒肥，盆栽不需要

🦠 防治黑斑病

出的土壤里，再填回去即可。

🏁 **移栽**

藤本月季是能够移栽的强健植物

因为发育不良、定植庭院等原因而需要移动植株时，2 月最为合适。刚移栽时，植株长势会减弱，但新根系的生长将令植株重获活力。短期内若无法准备好移栽的地方，就先种进花盆里，让植株好好修养。

移栽时的挖掘方法

以植株基部为轴心，挖掘半径为 50cm 的坑

用麻绳等物捆绑两三个位置

裹上无纺布

种下后，为防止根系受冻，需在土壤表面做好护根工作

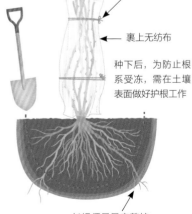

长根须尽量完整挖出，不要剪断

管理要点

⬆ 庭院栽培

💧 **浇水：不需要**

浇水量以 1 月的为准。

🔲 **肥料：寒肥**

如果 1 月未施肥，本月请尽早施肥（参见第 77 页）。有积雪、冻土的地方，则在 3 月上旬施肥。

🪣 盆栽

❄ **摆放：无强风和霜冻的南侧**

摆放与 1 月的相同。

💧 **浇水：避开清晨和傍晚**

清晨观察表土的话，冻结的培养土有可能只是看上去挺干的。尽量在上午 10 点后悉心查看，盆土干燥时则充分浇水。如果在傍晚浇水，盆土会冻结，应尽可能地在下午 2 点前浇水。

🔲 **肥料：不需要**

🦠 病虫害防治：**防治黑斑病**（参见第 79 页）

March

3月

本月的主要工作

基础 整理枯枝

基础 盆栽施放置型肥（抽芽肥）

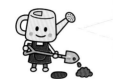

基础 基础工作

挑战 适合中、高级栽培者的工作

3 月的藤本月季

在地下，新根须也在积极地生长，而到了 3 月下旬，地上都开始冒出新的叶片。看到新芽萌动，说明藤本月季生长的季节终于到来，期待感也越发高涨。这一时期，喜好月季的害虫也开始蠢蠢欲动，建议尽早做好防治。初期采取措施能减少伤害，令人更加放心。

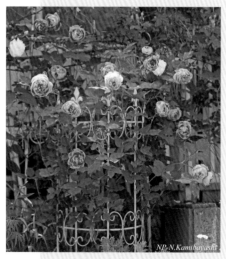

这一时期已经完成了冬季修剪、牵引等迎接春季的准备工作。辛劳养护之后，方能欣赏到花开的美景。

主要工作

基础 整理枯枝

剪去冬季枯萎的枝条

对于到了萌芽时期也没有动静、枯萎成茶色的枝条，趁其被周围的叶片遮住前赶紧剪掉吧。另外，回顾以往的冬季剪枝和牵引，想想那些保留下来却无法越冬的未成熟枝条长什么样子，如此就能在冬季剪枝中判断出可能在春季枯萎的枝条。

基础 盆栽施放置型肥（抽芽肥）

为发芽与开花补充营养

在花盆边缘放好规定量的缓效性有机固体肥料（参见第 11 页）及月季专用固体肥料。浇水时，肥料中的各成分会溶解出来渗入土壤。

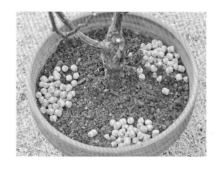

本月的管理要点

❄ 放在日照时间在 5h 以上的位置

💧 庭院栽培、盆栽均在土壤干燥时浇水

🔅 庭院栽培不需要施肥，盆栽时施放置型肥

🐛 防治蚜虫

管理要点

🡅 庭院栽培

💧 浇水：**植株基部充分浇水**

进入 3 月后，温暖的日子一直持续，土壤开始干燥。这时植株开始发芽，因此充足的水分必不可少。这一时期若过分干燥，将对芽造成伤害。当表土干燥时就充分浇水吧。

🔅 肥料：**不需要**

观察叶片颜色，如果泛黄，需用有机固体肥料进行追肥。

⭕ 其他 1：**摘除防寒的无纺布**

由于植株开始发芽，为了不阻碍叶片进行光合作用，应摘除无纺布。

⭕ 其他 2：**除草**

植株生长的季节开始了，杂草也冒了出来。在杂草长大前尽快拔除。

🡅 盆栽

❄ 摆放：**日照时间在 5h 以上的位置**

移动至有日光直射的地方。

💧 浇水：**土壤开始干燥时充分浇水**

表土干燥时充分浇水。发芽时期注意避免缺水。

🔅 肥料：**开始施放置型肥**

在盆土上放置月季专用固体肥料（氮的质量分数为 4%、磷的质量分数为 6%，钾的质量分数为 5% 等）。

🐛 病虫害防治：**蚜虫**

在蚜虫大量出现前做好防治工作（参见第 81 页）。这时新芽还很娇嫩，可能会出现药害，所以初次喷洒时请降低浓度（若标明稀释至 1000~2000 倍，就稀释至 2000 倍以上）。即使用的是简单的喷雾剂、烟雾杀虫剂等，一开始也只能轻微喷洒，操作时要一边观察情况一边进行。

NP·Y.Itoh

长度约 1mm 的绿色或黑色的蚜虫，会集聚在花蕾、新芽、嫩叶等位置吸取汁液，给植株造成伤害，因此必须进行防治。

NP·M.Fukuoka

喷雾剂在距离植株 50cm 的位置进行喷洒，令喷雾均匀地笼罩整棵植株。枝条及叶片内侧也需喷洒。

4月

基础 基础工作

挑战 适合中、高级栽培者的工作

本月的主要工作

基础 花后修剪

基础 整理枝梢

基础 牵引新枝

基础 新苗、盆栽苗的种植

4月的藤本月季

本月正式进入生长期。藤本月季从休眠中苏醒，根芽不断成长。早花型品种会在4月中下旬开始绽放。3月时还不太干燥的地面，到了4月也变得容易干燥。这一时期的水分调控很是烦琐。为避免缺水，需要仔细观察植株的状态。另外，通过对病虫害进行彻底的防治，可令植株免受早期的伤害，以最佳的状态开出花朵。

比其他藤本月季先行一步开花的"黄木香"。

主要工作

基础 **花后修剪**（参见第44页）

开败时立刻回剪

花色黯淡后，趁花瓣落地前剪去残花。

基础 **整理枝梢**

剪去未能开花的盲枝

对于只有叶片、未能开花的枝条，像剪残花一样轻轻回剪，如此便有可能冒出花芽。

基础 **牵引新枝**（参见第45页）

牵引花后生长的枝条

由于是来年开花的重要枝条，发现后立即垂直牵引。

基础 **新苗、盆栽苗的种植**

购买新的藤本月季后立刻种植

这一时期上市的苗，由于根系仍处于生长状态，请按照种植大苗（参见第62页）或盆栽大苗（第55页）的方法进行种植，切勿弄散护根土。

新苗的种植
4—5月，根系正处于生长状态，若弄断根系，会导致植株衰弱，因此需要留心。

40

本月的管理要点

- ❋ 日照条件好、避免强风的地方
- 🌊 庭院栽培、盆栽均在土壤干燥时浇水
- ⚃ 庭院栽培时，根据叶片的颜色施肥；盆栽时，施加液体肥料及施放置型肥
- ⦿ 防治病虫害

管理要点

🔼 庭院栽培

🌊 **浇水：1 周 2 次充分浇水**

这一时期若土壤过于干燥，将导致枝条变成盲枝（长不出花芽）。要特别留心种植在屋檐下方等避雨处的藤本月季，为它们提供充足的水分。约 1 周浇水 2 次。

⚃ **肥料：酌情施加**

叶片变黄时进行追肥。施加活力素和液体肥料也很有效。

🥛 盆栽

❋ **摆放：日照充足、避免强风的地方**

这一时期叶片日渐繁茂。当花盆并排摆放时，为防止叶片彼此交叠，需要进行调整，如拉开花盆间距等。而且植株遇风易倒，得花一番心思固定好。

🌊 **浇水：表土干燥时充分浇水**

浇水直至水从盆底流出。每天都要观察，看看是否因缺水而导致叶片和新芽发蔫。

⚃ **肥料：同时使用液体肥料和施放置型肥**

在表土上放置月季专用固体肥料（氮的质量分数为 4%、磷的质量分数为 6%、钾的质量分数为 5% 等）。施放置型肥的方法参见第 38 页。

⦿ **病虫害防治：黑斑病、白粉病、锈病、灰霉病、蚜虫、卷叶蛾幼虫、玫瑰巾夜蛾、金龟子、象鼻虫、星天牛的成虫**

随着气温上升，病虫害也容易出现。如果枝条、花蕾的尖端黏糊糊的，并且还反光，那就是蚜虫出现的信号。蚜虫容易长在新芽上，会吸取汁液，阻碍藤本月季的生长。哪怕发现了一点点，也请用手抹去蚜虫后喷洒药剂（参见第 81 页）。喷洒初期，请降低药剂浓度（参见第 39 页）。

黑斑病

白粉病

5月

基础 新苗、盆栽苗的种植

基础 花后修剪

基础 牵引新枝

基础 施礼肥⊖

基础 基础工作

挑战 适合中、高级栽培者的工作

5月的藤本月季

当植株枝繁叶茂，花蕾遍布时，终于到了我们期盼已久的开花时节。周围的植物也在蓬勃生长，害虫也活跃起来。开花前，观察花株的四周尤其重要。特别是花蕾之间及近上方的叶片内侧是观察的重点。不要放过害虫啃食过的痕迹，要将害虫赶尽杀绝。只是别过于关注养护工作，还得留出时间来欣赏难得绽放的美丽的藤本月季。

"白色龙沙宝石"绽放的花朵仿佛从凉亭顶部倾泻而下。

主要工作

基础 新苗、盆栽苗的种植

根据花苗来找寻心仪的品种

买回来的苗不要一直种在原盆里，种在庭院或花盆中更利于生长。另外，长出藤条的长藤苗（参见第8页）也会在本月上市，不妨挑选状态良好的苗。

基础 花后修剪（参见第44页）

为了二茬花而尽早修剪

对于反复开花型和四季开花型的藤本月季，需为下一波开花尽早进行修剪。

基础 牵引新枝（参见第45页）

检查植株基部附近是否藏有新枝

本月继续对新枝进行牵引。

基础 施礼肥

花开败后施礼肥

种植时为1~3年的藤本月季，需在5—9月的生长期进行追肥（施礼肥），以促进藤条生长。将拌入了有机固体肥料的腐叶土等堆肥填充至植株基部附近。盆栽则以施放置型肥的形式来施礼肥（参见第38页）。

⊖ 礼肥是指开花结果后为植株施加的肥料。

本月的管理要点

❄ 日照条件好的地方
🌊 庭院栽培、盆栽均在土壤干燥时浇水
🎲 庭院栽培、盆栽均在花后施礼肥
🐛 防治病虫害

春秋期间不要让枝条躺着 ✕

理由 1
生长期的枝条娇嫩易折断。为了不折断枝条，需轻柔地垂直牵引，避免弯曲。

理由 2
从枝条的性质来说，位置最高的芽长得最好（顶端优势），如果压倒枝条，芽就会长成上图那样。如此会分散营养，长出瘦弱的枝条，故应该保持枝条垂直，只促进顶端芽的生长。

给庭院栽培施礼肥

NP-S Maruyama   *NP-S Maruyama*

追肥要尽量大范围（以植株为圆心，半径在50cm 以上最为理想）地施加才有效果。图中示例，是在地表铺了一层厚度为 3cm 的腐叶土，撒上规定量的有机固体肥料后，用铁锹一边挖土一边拌匀。

管理要点

⬆ 庭院栽培

🌊 **浇水：1 周 2 次充分浇水**

花朵数量少、长不出新枝的原因可能就包括水分不足。种植时，如果地下土壤坚硬、根系的扩张空间狭小或种在了容易干燥的沙地中，就必须根据环境来浇水。尤其在 5 月开花之前，植株的吸水量会增加，得充分浇水才行。

🎲 **肥料：花后施礼肥**

将拌入了有机固体肥料的腐叶土等堆肥填入土壤。

🪴 盆栽

❄ **摆放：与 4 月相同**

当花盆并排摆放时，注意拉开花盆间距，让每棵植株都晒到阳光。

🌊 **浇水：干燥时充分浇水**

观察枝梢的花蕾和叶尖，耷拉着的话就是缺水的信号。

🎲 **肥料：花后尽早施礼肥**

有机固体肥料用起来很方便。

🐛 **病虫害防治：与 4 月相同**

有的品种留下残花后会结出果实，而对于有的品种，这样不仅会白白消耗植株体力，还会成为疾病的温床。勤剪残花，让植株保持健康的状态。但如果能欣赏到果实，就不必修剪了。

大花型

花朵外侧的花瓣变色后，修剪时保留花枝的一两节。

成簇开花型

花全部开败后，修剪时保留花枝下方的一两节。

修剪花梗下方

成簇开花型开花后，从花梗开始修剪。

掉落的花瓣也需回收

花朵开败时，花瓣也会掉在叶片上。如果放任不管，这里可能会产生疾病，所以发现后立刻清除。

放任残花会引发疾病

这是患上了灰霉病的残花。霉菌可能会从这里蔓延开来，因此花朵开败后需尽快修剪。

NP-M.Fukuoka

基本 牵引新枝 | 最佳时期为4—9月

　　藤本月季会在花后长出新的枝条（新枝）。无论何种造型方式，这些新枝都是来年开花的重要枝条。如果发现了4—9月长出的枝条，要立即垂直牵引，确保充足的阳光，注意不要让枝条因强风而折断。

如果长得太长，也可以剪断

如何牵引花后长出的新枝

花后长出的枝条要垂直牵引。对于那些长度超出塔架的枝条，要插上足够高的支柱来做牵引。

从植株基部长出的新枝条，来年会在植株基部开出花朵，因此要悉心呵护，保证它们长到必要的长度。

夏季增加枝条的修剪方法

如果想增加能够在支撑物下方牵引的枝条，就如图中所示，在5月进行剪枝，这样切口附近可能会在年内长出2根左右的粗壮枝条。将花茎倾斜修剪，与叶柄保持平行。保证切口晒到阳光，促进新芽萌发即可。

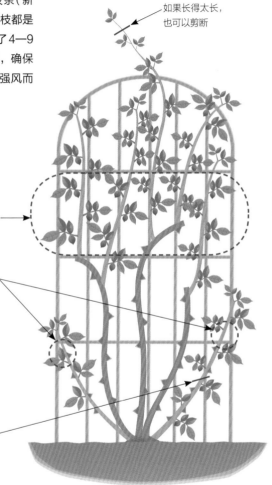

45

June

6 月

基础 基础工作

挑战 适合中、高级栽培者的工作

本月的主要工作

基础 花后修剪

基础 牵引新枝

基础 追肥

基础 整理混杂的枝条

6 月的藤本月季

　　晚花型或夏季开花的藤本月季也结束了开花，接下来的时期，要准备好来年开花的枝条。植株基部长出了强壮新枝时，一定要悉心呵护。待到秋季长长时，将成为结实而饱满的枝条。反复开花的品种在完成花后修剪后，即可等待下一波开花。修剪之后需要施肥。趁放晴的日子进行消毒并整理多余的枝条。这一时期加强通风极为重要。

NP-Y.Sakurano

开满了木篱笆的"科妮莉亚（Cornelia）"。在其中心附近开放的是铁线莲。

主要工作

基础 **花后修剪**（参见第 44 页）

对二茬花进行花后修剪

　　和头茬花一样，对二茬花进行花后修剪。

基础 **牵引新枝**（参见第 45 页）

对长出的新枝垂直牵引

　　和 5 月一样，当植株基部或叶片隐蔽处长出新枝时，需要进行垂直牵引，保证其晒到太阳。

基础 **追肥**

促进新枝生长的肥料

　　开花结束后，针对庭院栽培的藤本月季，可在植株基部附近播撒规定量的有机固体肥料；针对盆栽，则在表土上施放置型肥（参见第 38 页）。

基础 **整理混杂的枝条**

生长期要专注于让枝条更加饱满

　　为了让新长出的枝条在秋季前变得饱满，需要把老枝、来年可能不会开花的细枝连根剪断，避免植株白白浪费养分。对于四季开花性强的品种，若想促进藤条快速生长，得趁尚未开花时勤剪花蕾，如此藤条就能生长，而不会被花朵夺去养分。

本月的管理要点

❄ 日照条件好的地方

💧 梅雨时期也要注意干燥

🎲 庭院栽培、盆栽均使用氮含量高的肥料

🐛 留心植株上害虫留下的伤痕

管理要点

⬆ 庭院栽培

💧 浇水：**干燥时充分浇水**

梅雨时期，如果半天以上都在下雨，可以减少浇水量，但若想促进植株生长，还是得充分浇水。

🎲 肥料：**使用氮含量高的肥料**

本月是发新枝的时期。为促进新枝茁壮生长，建议用氮含量高的肥料（氮的质量分数为 8%、磷的质量分数为 5%、钾的质量分数为 5% 等）。

🪣 盆栽

❄ 摆放：**日照时长在 5h 以上的位置**

梅雨时期，霖雨不断时，将花盆转移至屋檐下便可减少疾病的发生。

💧 浇水：**干燥时充分浇水**

这一时期，每天的观察极为重要。植株缺水时，叶片的尖端会枯萎。此外，浇水过量也会引发根系腐烂。要根据各个花盆的大小、植株的株高、枝条数量来进行浇水。例如，在 8 号盆中种植了株高 1.5m 左右的藤本月季时，每天都得浇水。

🎲 肥料：**使用氮含量高的肥料**

若想促进藤本月季生长，建议使用氮含量高的肥料（氮的质量分数为 8%、磷的质量分数为 5%、钾的质量分数为 5% 等）。梅雨时期，每周施加 2 次左右的活力素和稀释的液体肥料（氮的质量分数为 5%、磷的质量分数为 6%、钾的质量分数为 2% 等），这样能促进新枝茁壮生长。

🐛 病虫害防治：**特别注意啃食枝梢的毛虫及星天牛的虫卵**

如果藤条在生长过程中枝梢遭受虫害，便会暂时停止生长。随后，枝条会发出腋芽，长出吊状细枝。这时，需将枝条回剪至下方的粗壮部位。另外，星天牛的成虫会啃食枝条，在上面产卵。其幼虫会啃食植株基部和枝条内部，倘若听之任之，月季最终会枯萎。假如在基部附近发现了木屑，则说明附近潜藏着害虫。这时请找出星天牛产卵的洞穴，向里面喷洒针对它的杀虫剂。要经常保持植株基部清洁，以便早期发现问题（参见第 56 页）。

7 月

基础 基础工作

挑战 适合中、高级栽培者的工作

基础 牵引新枝

基础 应对高温的措施

基础 整理混杂的枝条

基础 给盆栽添土

7月的藤本月季

夏季来临，气温一旦超过30℃，藤本月季的生长就会减弱，因黑斑病而落叶的植株也会停止生长。这一时期生长的枝条将成为来年开花的重要枝条。如果发现以上现象，切不可放任不管，得把它们垂直立起来，用棕绳或麻绳绑在支撑物或支柱上，防止枝条折断。若让植株优先生长，则需在开花时摘除花朵，为新枝的生长创造机会（开花的话，枝条会停止生长）。

与灌木月季"金色翅膀（Golden Wings）"一同绽放的粉色藤本月季"弗利西亚（Felicia）"

主要工作

基础 牵引新枝

为从藤条上长出的新枝做牵引

到了这一时期，不仅是植株基部附近，藤条上也会长出新枝。旁边长出的新枝会从支撑物上窜出来或垂下去，如有发现，就把它们向上垂直牵引，注意不要折断重要的枝条。

基础 应对高温的措施

通过护根和遮光来缓解高温

为了减缓烈日带来的伤害，需要对阳光进行遮挡。用树皮屑等覆盖植株基部的表土，盆栽还可用台座或砖块等使盆底脱离地面，如此能缓解温度过度上升和干燥带来的影响。

基础 整理混杂的枝条

修剪以确保日照与通风

本月继续修剪细枝等。

基础 给盆栽添土

花后添土可有效越夏

开花结束后，轻轻地拔出根球，移栽至大一圈的花盆里。将种植时的同种培养土填充至盆底及根球四周的缝隙里

本月的管理要点

❄ 避开午后阳光

🌢 干燥时充分浇水

⬛ 为盆栽施加液体肥料、活力素会更为有效

🐛 注意红蜘蛛

（参见第 10 页），有了让根系生长的新空间，植株的发育也会更加旺盛，更能轻松越夏。

给盆栽添土

浇水空间约 5cm 深

大一圈的花盆

不要弄散护根土

在盆底（约 2cm 深）和缝隙间填入培养土

管理要点

🔼 庭院栽培

🌢 **浇水：每天或隔天充分浇水**

浇水量以 6 月的为准。此外，本月高温且潮湿，通风条件不好的话，枝条会枯萎，容易引发根系腐烂。将硅酸盐白土（参见第 11 页）拌入表土，这样根不易腐烂。

⬛ 肥料：**施加氮含量高的肥料**

若想促进藤本月季生长，施肥方法与 6 月的相同。

🪴 盆栽

❄ 摆放：**避开午后阳光**

在地面会升温的地方，用台座等让盆底与地面分离，确保通风。

🌢 浇水：**干燥时充分浇水**

浇水量以 6 月的为准。

⬛ 肥料：**根据叶片颜色来施肥**

每周 2 次左右，施加稀释的液体肥料（氮的质量分数为 5%、磷的质量分数为 6%、钾的质量分数为 2% 等）与活力素会更为有效。若想促进藤本月季生长，可使用氮含量高的肥料。

🐛 病虫害防治：**注意红蜘蛛**

叶片繁茂的干燥时期，叶片内侧会出现红蜘蛛。上午用强水流冲洗整棵植株，赶走红蜘蛛，同时加强通风。红蜘蛛严重时还会结蛛网。要做到早期发现，针对虫卵、幼虫、成虫，分别使用相应的药剂。

49

August

8 月

本月的主要工作

基础 牵引新枝

基础 整理细枝

基础 应对高温的措施

基础 应对台风的措施

8月的藤本月季

酷暑也会给藤本月季带来伤害。这一时期还会有台风来袭，为防止枝条折断，用绳子将其固定在支撑物上，或者束起来，还可以施加活力素以防生长衰弱。随着植株的生长，盆栽的根系会布满土壤，如果放任不管，对植株的伤害会越发严重，故需要更换大盆。

盆栽的半藤本型月季"格特鲁德·杰基尔（Gertrude Jekyll）"，密集开放的花朵被牵引而下，就如淌水一般。

主要工作

基础 牵引新枝

注意不要弯折枝条

长出的新枝如果不加以处理，就会变得弯弯曲曲的，在篱笆、拱门等支撑物上出现交叉缠绕的现象。因此要定期检查植株，将藤条向上牵引。

基础 整理细枝

为秋季月季和预防病虫害做好修剪

这一时期各种枝条从四处冒了出来，错综复杂。因此要频繁地修剪、整理细枝，确保通风，预防病虫害。另外，反复开花及四季开花的品种需在8月下旬至9月中旬进行夏季修剪，为秋季开花做准备。

基础 应对高温的措施

通过护根和遮光缓解高温带来的不良影响

本月继续做好应对高温的措施。

基础 应对台风的措施

将藤条束起来，以防飓风的伤害

一旦有台风登陆的预报，就捆好藤条，以防被刮倒。

本月的管理要点

❄ 将不耐热的品种转移至半阴处或增加盆栽的盆土

💧 盆栽于上午充分浇水

🔅 庭院栽培时施加活力素，盆栽时调整用量

🦠 黑斑病的防治、治疗

夏秋之间需专心整理枝条和新枝

回剪过长的藤条，令其收拢在空间内。

NP-M.Fukuoka

为防止枝条钻进花格架、篱笆等支撑物里，趁枝条不长且柔软的时候将其拔出。

NP-M.Fukuda

管理要点

⬆ 庭院栽培

💧 **浇水：以 7 月的为准，每天或隔天充分浇水**

🔅 **肥料：与 7 月的相同**

还可以添加活力素以防生长衰弱。

⭕ **其他：除草**

拔除杂草以防病虫害发生。

🪣 盆栽

❄ **摆放：根据植株的状态安排**

如果干燥情况严重，枝梢到了傍晚就变得无精打采，此时需把花盆转移至半阴处，或者移栽到大一圈的花盆里并增加土壤（参见第 49 页）。

💧 **浇水：于上午充分浇水**

严禁中午浇水。傍晚不要给叶片浇水，这样可以抑制黑斑病的发生。

🔅 **肥料：高温时期调整用量**

减少单次施肥的用量，增加施肥次数。

🦠 **病虫害防治：黑斑病的防治、治疗**

盂兰盆节（译注：8 月 15 日）过后会出现黑斑病，切不可掉以轻心，用专门的药剂做好预防。一旦发病，就喷洒药剂来治疗（参见第 79 页）。

51

本月的主要工作

- 基础 半藤本型月季的修剪
- 基础 处理新枝，为枝条定型
- 基础 应对台风的措施
- 基础 盆栽定植庭院

基础 基础工作

挑战 适合中、高级栽培者的工作

9月的藤本月季

　　如果残暑严重，就把反复开花型藤本月季的夏季修剪推迟一些。此外，对于单季开花的藤本月季及春季新种下的植株，养护以促进藤条生长、充实藤条（使之成为结实紧致的枝条）为主。注意不要因周围繁茂的叶片而使新枝晒不到阳光，或者漏掉了被遮住的新枝。

NP-Y.Itoh

对于春季之后变长变粗的结实枝条（新枝），要保证其充足的日照。

主要工作

基础 **半藤本型月季的修剪**

为秋花而进行的修剪

　　到了9月上旬至中旬，就对反复开花型及四季开花型的半藤本型月季进行整体回剪，由枝梢回剪约1/3的长度。细枝混杂时就进行疏枝等工作，均匀修剪以保证整棵植株都能晒到阳光。通过减少多余的枝条，让植株有精力长出花芽。修剪结束后，舒展枝条，避免其交错在一起，让切口处晒到阳光，如此更容易长出花芽。

基础 **处理新枝，为枝条定型**

本月前长出的枝条将是来年的活跃枝条

　　5月后长出的新枝已经长得很结实了。为了给冬季修剪和牵引做准备，根据支撑物上的预计牵引位置，确认藤条的长度足够与否，同时把它引到想要牵引的方向，用绳子暂时固定起来。

基础 **应对台风的措施**

捆好藤条，以防受到飓风的伤害

　　和8月一样，如果有台风登陆的预报，需事先采取措施，如把藤条束起来等。

本月的管理要点

❄ 日照、通风良好的地方

💧 干燥时充分浇水

🔅 庭院栽培、盆栽均根据情况来施肥

🐛 捕杀害虫及喷洒药剂

1 月

2 月

3 月

4 月

5 月

6 月

7 月

8 月

9 月

10 月

11 月

12 月

管理要点

🔼 庭院栽培

💧 浇水：**干燥时充分浇水**

轻轻耕耘植株基部附近硬化的土壤，这样水分会更容易渗透。

🔅 肥料：**播撒专用的肥料**

如果出现叶片泛黄、新枝生长衰弱等情况，就在表土撒上规定量的月季专用固体肥料。

🪣 盆栽

❄ 摆放：**日照时长在 5h 以上的位置**

夏季转移到半阴处、房屋东侧的盆栽，本月搬回至有阳光的位置。

💧 浇水：**干燥时充分浇水**

在盆土变得不易干燥前，每天都要观察干湿状态，充分浇水至水从盆底流出。

🔅 肥料：**根据植株情况施放置型肥**

根据叶片、新枝的情况，在表土上放置规定量的有机固体肥料（参见第 38 页）。

🐛 病虫害防治：**捕杀害虫及喷洒药剂**

本月继续仔细观察，进行害虫的捕杀和药剂的喷洒。

基础 盆栽定植庭院

将春季的盆栽植株定植庭院

在花盆里培育了半年以上的植株，本月是把它们定植庭院的好时机，如春季种下的新苗等。确保有空地可以牵引藤条、种植植株。根据种植大苗（参见第 62 页）的要点，种植时把土地挖深挖宽一些。结束后充分浇水。

防治病虫害的对策
每日的检查要点

NP-M.Fukuoka

蛾等害虫的卵

害虫的排泄物

NP-M.Fukuoka

害虫及其虫卵多附着在花蕾、花朵、叶片表里和枝条上。平日里坚持观察，熟悉之后，就很容易发现害虫了。例如，若在叶片上发现了细小的黑色排泄物，说明幼虫就藏在附近，需立即找出来将其捕杀。

本月的主要工作

基础 整理细枝

基础 花后修剪

基础 大苗的种植

挑战 制订宿根草的栽培计划，与藤本月季搭配种植

挑战 确保日照与通风

挑战 收获蔷薇果

基础 基础工作

挑战 适合中、高级栽培者的工作

10 月的藤本月季

天气转凉，藤本月季的成长重归旺盛，长出粗壮的新枝也不足为奇。可是，气温日渐下降，这一时期长出的新枝尚未饱满，就以娇嫩的未成熟状态迎来了冬季，这样的新枝大多会枯萎。因此，10 月中旬以后长出的新枝要连根剪断，让现有的枝条充分接触阳光。

NP-H.Imai

这个季节，结果的品种若保留残花，就会开始变红。

主要工作

基础 整理细枝

闲暇时修剪细枝

冬季的休眠期即将来临，除了来年的重要枝条，其余枝条对今后的生长毫无裨益。不用等到 2 月再做修剪工作，闲暇时就可修剪那些明显多余的细枝和过长的藤条，这样一来，后面的工作会更加轻松。

基础 花后修剪

立即剪掉留下的残花

残花不美观，因此把它们剪掉，让植株更加清爽。

基础 大苗的种植

开始上市的大苗的最佳种植时期

别将大苗一直种在买回来的原盆里，准备比它大两圈的花盆，再进行移栽。

由于种植时，植株处于没有叶片的休眠期，因此可以弄散护根土（护根土的上部和底部分别去掉 1/4 ），去掉原有的培养土后再进行种植。在盆中加入 1/3 的土壤后，舒展根系，在根须间填入土壤，最后充分浇水至水从盆底流出。

本月的管理要点

1 月

❄ 日照、通风良好的地方

◪ 新种下的植株注意缺水情况

2 月

▦ 庭院栽培时施礼肥，盆栽时施放置型肥

◉ 注意黑斑病、灰霉病等病虫害

3 月

大苗的种植

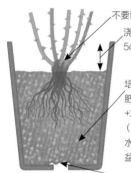

不要埋住嫁接点

浇水空间留出约5cm深

培养土 + 有机固体肥料（参见第 11 页）+2cm 厚的盆底石（如果培养土的排水性好，就不用铺盆底石）

盆底网

4 月

管理要点

5 月

⬆ 庭院栽培

◪ 浇水：**干燥时充分浇水**

　　干燥之前不浇水也没关系。只不过，新种下的植株要注意缺水情况。

6 月

▦ 肥料：**施礼肥**

🪣 盆栽

7 月

❄ 摆放：**日照时长在 5h 以上，并且通风良好的位置**

◪ 浇水：**干燥时充分浇水**

▦ 肥料：**施礼肥或放置型肥**

8 月

　　花期结束的植株用有机固体肥料来施礼肥。根据叶片色泽、新枝的生长情况来放置有机固体肥料。

9 月

◉ 病虫害防治：**黑斑病、灰霉病、锈病、甘蓝夜蛾**

10月

　　如果霖雨不断，则需要特别注意。下雨前的防治也颇为有效。夏季之后，黑斑病若未能彻底治愈，本月要继续喷洒药剂，否则疾病会一直持续到冬季。尤其需要注意棉铃虫、金龟子。

11 月

🔖 **挑战** 制订宿根草的栽培计划，与藤本月季搭配种植

挑选希望与藤本月季一同绽放的苗

　　在藤本月季开花时节绽放的翠雀、洋地黄及覆盖基部地面的宿根草等地被植物，如果在冬季前将苗种在藤本月季附近，待到春季时，植株会变得饱满而茂盛。另外，在有积雪的地区，需在积雪之前将苗种下，让植株的生长能赶上藤本月季开花。

🔖 **挑战** 确保日照与通风

为周围的树木剪枝及改善植株基部的环境

　　检查周边环境（参见第 56 页）。

🔖 **挑战** 收获蔷薇果

本月是采摘红色果实的季节

　　果实的享用方法请参见第 57 页。

12 月

假如藤本月季周围有遮挡夏季烈日、防止叶片晒伤的树荫，则稍微对这些树木进行修剪，以保证藤本月季的日照。

让植株基部也接触到阳光，并加强通风，这样可以预防病虫害的发生。

确保日照

1 检查藤本月季的日照情况

种植在右侧的光蜡树的枝挡住了阳光（画圈处），日照不够。

2 修剪遮光的枝条

通过疏枝来改善日照和通风，还有望预防病虫害的发生。

3 日照得到了改善

藤本月季的日照情况得到了改善（画圈处）。现在的环境利于叶片进行光合作用，制造养分。

确保通风

1 检查植株基部附近的环境

如果植株基部杂草丛生，有可能会成为害虫的巢穴。

2 改善植株基部的通风

去除杂草后，基部通风变得顺畅。

挑战 收获蔷薇果 | 最佳时期为10月下旬

对于可以结出蔷薇果的品种，只要把残花保留下来，秋季便可收获红色的果实。

M.Goto

子房膨胀，颜色开始变深（右图）。像这样结出果实，会大量消耗植株的精力，实在无法指望植株积存越冬的体力。但是让植株少量结果，品尝蔷薇果茶也是栽培藤本月季的乐趣之一。图中为犬蔷薇（*Rosa canina*）与蔷薇果。

专栏

观赏型的蔷薇果

尽管不能食用，但下面将为大家介绍2种藤本月季，可以将结果的枝条剪下来，制作成花环等装饰品。

M.Goto

单季开花的"博比·詹姆斯"，果实虽小，但看上去就像饰品一样。

M.Goto

"格罗卡蔷薇（*Rosa glauca*）"有着银绿色的叶片和单季开花的甜美花朵。夏季花朵具有泛紫的独特色彩（左），秋季则是橙色的果实。这个品种在寒冷地区容易栽培。

据说月季的果实——蔷薇果所蕴含的维生素C是柠檬的20倍，把果实风干后磨碎即可作为花草茶来享用。狗蔷薇等大粒的蔷薇果方便碾碎，容易操作。
＊食用的情况下，不能喷洒药剂。

左上图/刚摘下的野蔷薇果实和风干后的"狗蔷薇"果实。
右上图/风干、碾碎后的"狗蔷薇"果实。
下图/直接饮用时口感生涩，添加香草豆之后味道会更加醇厚可口，容易接受。

November

11月

本月的主要工作

- 基础 花后修剪
- 基础 防寒措施
- 挑战 挖土坑
- 挑战 针对来年春季制订牵引计划

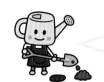

基础 基础工作

挑战 适合中、高级栽培者的工作

11月的藤本月季

本月气温骤降，开始降早霜。葱郁的叶片从植株的下部开始逐渐变成黄色、茶色，最终掉落。虽然可以让植株开花，但花蕾还未开放就会腐烂，所以11月中旬之后需把花蕾剪掉。到了12月下旬，藤本月季会进入休眠期。在此之前，除了寒冷地区，其余地方什么也不用做，顺其自然即可。当气温逐渐降低时，植株会进入休眠模式。

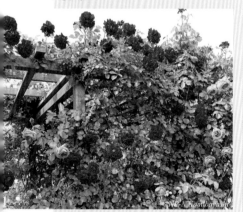

把今年植株哪些位置开了花、开了多少花给记下来，将有助于冬季的修剪和牵引工作。图中的月季为“乌尔姆大教堂（Ulmer Munster）”。

主要工作

基础 花后修剪

留下的花蕾也一同从花枝上剪掉

如果花期持久的品种一直开花，会消耗植株体力。

基础 防寒措施

在植株被冻伤前，裹好无纺布

虽然藤本月季是耐寒性强的植物，但在气温低于-5℃的地区，需以基部

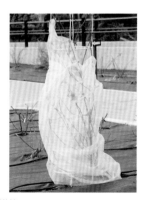

防寒措施

不用特别进行修剪，在有叶片的状态下直接卷上无纺布即可。如果藤本月季已经牵引在支撑物上，则以基部为中心来缠裹无纺布。为防止无纺布被风刮走，可用麻绳等进行固定。

本月的管理要点

❄ 避寒的南侧

💧 庭院栽培不需要浇水，盆栽在干燥时于上午浇水

⬚ 庭院栽培、盆栽均不需要

🦠 为生长期做好疾病预防

1月

2月

3月

4月

5月

6月

7月

8月

9月

10月

11月

12月

附近为中心，卷上二三层无纺布避免植株遭受强风的侵害。在植株基部用腐叶土、泥炭等护根也颇为有效。

尤其是新种在庭院里的植株及新种下的盆栽必须做好防寒措施。否则，根系一直挨冻、遭受寒风的话，可能会陷入脱水状态，导致枝条发蔫、植株枯萎。另外，如果把盆栽摆在室内等温度超过10℃的地方，植株将无法休眠，直接发芽，对植株造成伤害。无纺布于2月下旬摘除。

挑战 挖土坑

在种植前，挖好大而深的土坑

假如有种大苗、移栽植株、把盆栽定植庭院等种植计划，要尽早挖好土坑。所有类型的藤本月季都要尽量准备好大而深的土坑。挖土坑非常耗费体力，建议有计划地慢慢挖掘（参见第62页）。

挑战 针对来年春季制订牵引计划

为当年长出的藤条准备容身之所

如果没有足够的空间做牵引，则另备支撑物以确保牵引空间。

管理要点

⬆ 庭院栽培

💧 浇水：**不需要**

⬚ 肥料：**不需要**

如果出现叶片泛黄、新枝生长衰弱等情况，就在表土撒上规定量的藤本月季专用固体肥料。

● 其他：**清理植株基部**

因为可能藏有病原菌、害虫卵等，所以把落叶、杂草、枯草清理干净。

🪣 盆栽

❄ 摆放：**避寒的南侧**

摆放在无冷风的南侧位置。新种下的大苗特别需要注意。

💧 浇水：**干燥时于温暖的上午浇水**

盆土要多日才会干燥。干燥时，于温暖的上午充分浇水。

⬚ 肥料：**不需要**

🦠 病虫害防治：**喷洒杀菌剂**

这一时期的防治非常关键。喷洒杀菌剂之后再让植株进入休眠状态，目的是在春季前减少病害（参见第84页）。

December

12 月

基础 基础工作

挑战 适合中、高级栽培者的工作

本月的主要工作

基础 施寒肥与土壤改良

基础 大苗的种植

基础 修剪与牵引

基础 盆栽换土

---

12 月的藤本月季

本月藤本月季的枝条泛红，变得坚硬紧致起来，终于进入了休眠期。牵引如果操之过急，植株就会在这一时期发芽，因此等到了 12 月中旬再开始慢慢做修剪和牵引工作吧。假如长出了花蕾、花朵，就剪下来插进花瓶里欣赏，让植株好好休息。另外，无须摘除叶片。对于盆栽，在土壤冻结前进行换土会更加轻松。

NP-H.Imai

本月是制订来年计划的好时期，如为藤本月季寻找新的攀附空间等。同样推荐让藤本月季攀附在柱子上。图中品种为"菲利斯黛·佩彼特（Félicité et Perpétue）"。

主要工作

基础 **施寒肥与土壤改良**（参见第 77 页）

在修剪与牵引的闲暇时间于晴天进行

耕耘硬化的土壤并施加肥料。

基础 **大苗的种植**（参见第 62 页）

新苗于 2 月前种植

本月是将盆中栽培的苗定植庭院的时期。

基础 **修剪与牵引**（参见第 64 页）

以 2 月完成为目标，有计划地开始工作

本月落日时间提前，并且年末也是日常生活繁忙的时期，如果种有多株藤本月季，则需考虑好工作顺序后按计划进行。

基础 **盆栽换土**（参见第 61 页）

直接为原盆更换一半的土

种植了 1 年的盆栽月季，其根系已遍布花盆内部。如果可以移栽至大一圈的花盆中，就去掉一点硬化的护根土，轻轻除去表面交缠的根系后，填入新土再种植。如果种在大型花盆里，或者花盆重得无法搬动，建议每年的这一时期更换一半的土，每次挖不同的位置更换。

本月的管理要点

❄ 无寒风的房屋南侧或墙壁边缘等地

💧 干燥时于上午浇水

🔅 庭院栽培时施寒肥，盆栽不需要

🐛 驱除月季白轮盾蚧等

1 月
2 月
3 月
4 月
5 月
6 月
7 月
8 月
9 月
10 月
11 月
12月

基础 大型盆栽的换土步骤

❶

在离植株基部稍远的位置换土，换掉约 1/3 的盆土。用单侧像锯子一样的剪根刀会更加方便。

❷

一边剪根一边挖土，把旧土和根系从盆中掏出。

❸

挖掘至盆底露出。这时还可以检查根系是处于生长状态还是腐烂状态。

❹

为促进新根生长，将肥料、腐叶土等拌入培养土，再把新土填进花盆，充分浇水后大功告成。

管理要点

🔼 庭院栽培

💧 浇水：**不需要**

🔅 肥料：**施寒肥**（参见第 77 页）

施寒肥与土壤改良同时进行。

🪣 盆栽

❄ 摆放：**无寒风的房屋南侧**

摆放与 11 月的相同。

💧 浇水：**干燥时于温暖的上午浇水**

浇水量以 11 月的为准。

🔅 肥料：**不需要**

🐛 病虫害防治：**月季白轮盾蚧、蚜虫、棉铃虫**

如果有月季白轮盾蚧附着在枝条上，就用牙刷等将其刷落，再用药剂喷洒整根枝条。这一时期还潜伏着蚜虫和棉铃虫等，一旦发现，立即喷洒药剂或进行捕杀（参见第 84 页）。

月季白轮盾蚧

NP-M.Fukuda

61

大苗的种植 | 最佳时期为 12 月至来年 2 月

10—12 月购买的大苗和长藤苗要尽早种植。挖好土坑，改良土壤后再进行种植，这将关系到几年后根系生长的环境。本月是改善土质的大好时机，因此在检查过现在的土质后再种植吧（土壤改良材料的介绍请参见第 11 页）。

庭院栽培用的堆肥与土壤改良材料

腐叶土 　　　　牛粪堆肥

硅酸盐白土 　　椰壳

2　准备好培养土和肥料

如果挖出来的土壤中混有石头，则把石头剔除干净。事先将培养土和有机固体肥料拌入其中，做好准备。

准备材料

大苗（图中为【龙沙宝石】）、铁锹、培养土、有机固体肥料、铲子、名牌。另还需准备支柱和麻绳。

1　挖土坑

挖深 50cm、直径为 50cm 的土坑。若土壤硬化或因有障碍物而无法深挖时，则把坑挖得浅而宽一些。

3　在土坑中倒入肥料与堆肥

根据挖出来的土壤的状态来添加改良材料与肥料。如果土质不好，可全部替换为培养土。

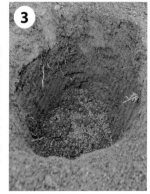

4 把土壤填回坑中

留出一定的深度用于种苗，再把均匀拌入了改良材料与肥料的土壤或培养土填回坑中。

7 从上方压实土壤

用手掌压实植株四周的土壤，再用水壶充分浇水。

5 把苗种入坑中

从培养盆中拔出苗，轻轻弄散根系，舒展根系后种入坑中。

8 把藤条捆在支柱上

注意不要伤及根系，小心地在植株基部附近插入支柱，用麻绳等轻轻将藤条固定在上面。

6 在根系上覆盖土壤

种苗时不要埋住嫁接点（画圈处）。覆盖土壤，掩盖根系。

9 插上名牌即可

插上名牌以免搞不清植株的名称。有些地区可能需要缠上无纺布，做好防寒措施（参见第58页）。

1月下旬前完成修剪及牵引

12月至来年2月间可进行藤本月季的牵引。然而，早期的枝条更加柔软不易折断，便于牵引，因此建议于12中旬至来年1月下旬进行。尽早进行还有促进芽苞饱满、花朵数量变多等好处。下面将介绍通用于拱门、塔架、篱笆等不同支撑物的修剪、牵引的诀窍。

冬季进行修剪、牵引的理由

修剪的目的是调整枝条的密度、高度、长度，促使老枝更新为新枝，令植株更有活力。

新枝条更容易开花，因此12月至来年2月间的修剪至关重要。

如果不修剪，枝梢会变得细如牙签，长出的枝条也瘦弱不堪。而且，花朵还未发育完全就会开放，一点都不美观。并且前一年的枝条也混杂其间，不仅春季的花量少，枝条也会停止更新。

通风不佳的话，可能早期就会出现病虫害的问题，因此得在藤本月季进入休眠期的冬季，有计划地完成修剪和牵引工作。

促进新枝生长

从藤本月季的性质来说，前一年长出的枝条可以开出花朵。如果把新枝连根剪断，植株就无法开花，所以区分好新旧藤条，修剪时要思考哪些该剪去，哪些该保留。

6—8月长出的新枝会在来年开花，因此得保留下来。只要控制好新旧藤条的正常更替，避免长势衰弱，即可令藤本月季长寿。

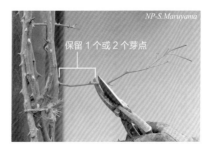

从生长了2~3年的老枝上发出的新枝，剪去其枝梢，保留1个或2个芽点。

修剪时剪去或保留的枝条

修剪时，首先剪去枯枝、细而短的瘦弱枝条等。另外，10月之后长出的新枝柔软、饱含水分，冬季容易枯萎，因此需要剪掉。

枝条的横截面

剪去的枝条　　　　**保留的枝条**

左图中为"剪去的枝条"，枝条纤细，木质部单薄，柔软的髓（茎中心的海绵状组织）所占面积较大。右图中为"保留的枝条"，枝条粗壮，坚硬的木质部很厚实，髓所占的面积也较小。

枝条的侧面

剪去的枝条　　　　**保留的枝条**

左图中为"剪去的枝条"，尚未成熟，柔软而干净，尖刺呈绿色。右图中为"保留的枝条"，坚硬且紧致，十分饱满，尖刺呈红褐色或白色。

了解不同品种的特征

牵引的诀窍在于了解不同品种的特征。例如，剪断的枝条会从哪里发芽、长到多长后会结蕾；枝条是向上生长，还是横向扩张等。了解特征后，就能通过牵引让花朵开在预期的地方。

检查花茎的长度及开花的枝条

残留的叶片在修剪结束后摘除

如果1月后仍留有叶片，需在修剪完成后全部摘除。这样植株就能迅速进入休眠状态，在早春一起发芽。到了修剪、牵引的时期，有时植株会开始发芽，这时不要用手强行摘除叶片，而要用枝剪等剪掉，留下一点叶片的根部。

保留饱满的藤条，水平牵引

配合拱门、塔架、篱笆等造型方式及牵引空间来调整所需藤条的长度与密度。如果需要疏枝，则保留饱满的藤条，将其水平压倒，控制在水平或斜向上的角度。

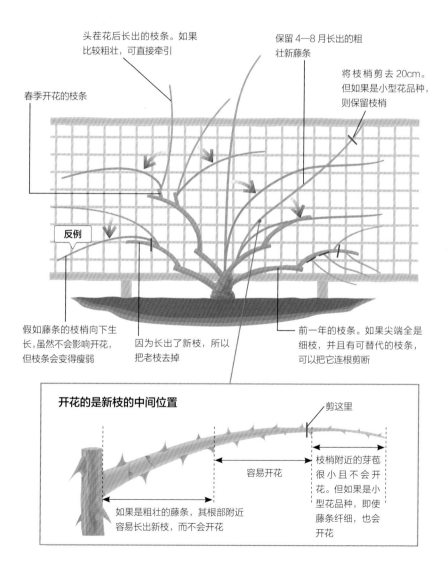

头茬花后长出的枝条。如果比较粗壮，可直接牵引

保留 4—8 月长出的粗壮新藤条

将枝梢剪去 20cm。但如果是小型花品种，则保留枝梢

春季开花的枝条

反例

假如藤条的枝梢向下生长，虽然不会影响开花，但枝条会变得瘦弱

因为长出了新枝，所以把老枝去掉

前一年的枝条。如果尖端全是细枝，并且有可替代的枝条，可以把它连根剪断

开花的是新枝的中间位置

剪这里

容易开花

如果是粗壮的藤条，其根部附近容易长出新枝，而不会开花

枝梢附近的芽苞很小且不会开花。但如果是小型花品种，即使藤条纤细，也会开花

基础 篱笆造型的修剪及牵引

最佳时期为12月
至来年2月

操作前

图为【蜂蜜焦糖（Honey Caramel）】的篱笆造型，把夏季长出的枝条往斜上方进行了固定。一次摘除之前牵引用的全部牵引绳后，开始工作。

固定粗壮结实的藤条

如果藤条钻到了篱笆的另一侧，则把它拉回这边。将粗壮结实的藤条顺着篱笆，由下开始固定。为了让来年长出优质枝条，对藤条进行垂直牵引。

长藤条往斜上方牵引

与篱笆高度相比，如果藤条的长度不够，则对藤条进行牵引以促使其向上生长。首先，把夏季长出的结实藤条往斜上方牵引，然后剪去纤细或瘦弱的枝梢。

剪去细枝，整理枝条

将下垂的枝条往斜上方固定。即使把细枝保留下来，枝梢纤细的枝条全部剪掉，春季也不会开出优质花朵。

与相邻的藤条拉开距离，往斜上方牵引

为避免与先前牵引的枝条交缠在一起，需要拉开一定的距离，略微压倒后往斜上方牵引，并摘除叶片或剪去细枝。

调整完所有的枝条

在篱笆上牵引时，将藤条舒展成扇状，剪去细枝后，去掉残留的叶片即可。

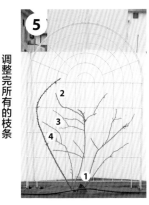

藤本月季的拱门造型

　　拱门的左右两侧各摆一盆刺少、枝条柔软的半藤本型月季"路易·欧迪（Louise Odier）"，我们将以这种拱门造型为例，来介绍修剪及牵引的要点。

准备材料

枝剪及其他操作时使用的皮革手套、剪枝锯、高枝剪、麻绳、棕绳等。另外，使用梯凳的话，操作起来会更加方便。

1

从拱门上摘下藤条

把拱门上用于固定的牵引绳全部摘除。

操作前

放任枝条生长，左右不均衡。

2

拔出钻进拱门内侧的藤条

拔出钻进拱门内侧的藤条时，注意不要折断藤条，从内外两侧按住藤条，小心地拔出。

3

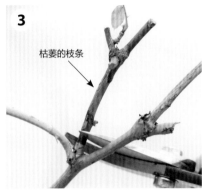

枯萎的枝条

过度纤细的枝条

冬季来临前长出
的稚嫩枝条

剪去多余的枝条

连根剪去来年无力开花的多余枝条，如枯枝、过
度纤细的枝条、冬季来临前长出的稚嫩枝条等。

4

挪动花盆以让藤条沿着支撑物生长

如果是盆栽，在开始牵引前，挪动花盆进行调整，
以让藤条处在最贴近支撑物的位置。

5

将最长的藤条固定在拱门的顶部

将植株上最长的藤条用麻绳等固定在拱门的顶部，
为牵引打好基础。

6

压倒上方翘起来的枝条，做好固定

为了让植株沿着拱门开花，将翘起来的枝条压倒，
固定在拱门上。

由下往上，让藤条均匀地分布在拱门上

构思好花朵所开的位置，同时横向压倒藤条，将其固定在支撑物上。

对于从支撑物上钻出来的藤条，剪去其枝梢

调整藤条时，如果有藤条钻了出来，没有贴合在拱门上，剪去其枝梢即可。

整理外形

将一定数量的藤条固定在拱门上后，如果还留有尚未牵引的藤条或有藤条错杂的情况，需要把藤条剪短。

将没用的藤条连根剪断

如果有多余的长藤条无法牵引到拱门上，直接将其连根剪断。

操作完成

枝条均匀地布满了拱门，样子看起来清爽多了。

牵引后的上方藤条

如果上方的藤条数量不够，把另一侧的长枝条弯过来填补缝隙也不失为一种好办法。

藤条要牵引得宽松些

由于牵引的是叶片稀少的藤条，在支撑物上做调整时，很容易让藤条密集起来。然而，到了开花前的3—4月，植株会长出许多叶片。如果叶片过于混杂，会使枝叶晒不到阳光，还有可能结不出花芽。通过牵引时给藤条间留出宽松的空隙，可以增加花朵的数量。

牵引后的拱门中下方的藤条

为了让花朵在拱门上均匀开放，可压倒藤条，剪去枝梢，或者把藤条弯曲成S形。

藤条枝梢的处理

一边考虑开花的位置，一边为藤条拉开适当的间距，避免切口肆意乱长。

塔架造型的修剪及牵引要点

　　根据植株的生长状况，牵引的方法共有两种。第一种是优先让花朵开满整个支撑物（出于观赏目的的牵引）；第二种是刚种下没多久，藤条还不足以覆盖支撑物，为增加优质藤条，把重点放在植株的生长上。

　　藤本月季向着太阳生长，因此为了催生优质的新枝，需将藤条垂直牵引。

　　如果想让藤本月季开满花朵，则压倒藤条横向牵引。接下来要介绍的例子是比起增加花朵数量，更着重于催生优质新枝的牵引方法。就算努力想让整棵植株都开出花朵，也要考虑来年的优质新枝，造型时促使植株长出有活力的藤条。此外，操作时的使用工具与第68页相同。

区分优质藤条，决定要剪去哪些、留下哪些

未成熟的藤条

饱满的藤条

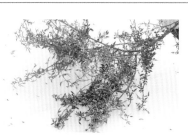

优先使用的具有活力的藤条的枝梢

没用的待剪藤条的枝梢

　　将植株下方的藤条比较来看，很容易便能看出表面上的质感差别。图中右侧的藤条一眼看上去就很鲜嫩，由于是新长出来的，接下来可能尚未越冬就会枯萎，所以得剪掉。表皮有筋络的藤条为饱满的藤条，故优先使用。若有多根饱满的藤条，可以像上图所示一样，观察藤条的枝梢，优先使用枝条数量多的。

1月

2月

3月

4月

5月

6月

7月

8月

9月

10月

11月

12月

操作前

图中为藤本「巴黎绒球」的塔架造型。左下方为植株基部。藤条肆意生长，却没什么饱满的长的新枝。

1 从塔架上卸下藤条

把固定在支撑物上的牵引绳全部剪断。

2 由长藤条开始牵引

从优先使用的具有活力的藤条中选出最长的一根，让藤条沿着塔架，确定它能够伸展到哪个位置。

3 把操作中不会用到的藤条捆起来

为避免用到的藤条和其他藤条彼此交错，以致误剪，用绳子把尚未用到的藤条捆起来。

4 由下往上固定藤条

从距离植株基部最近的部位开始，由下往上将藤条固定在塔架上。

5 把藤条牢牢固定在塔架上

尽量用牵引绳把藤条固定在支柱的纵横交叉点等稳固的位置上。

6

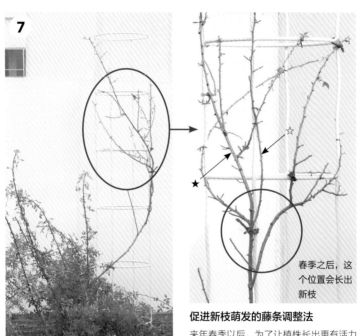

整理杂乱处的枝条

比较枝条的粗细，由纤细的枝条开始连根剪断。另需剪去残花（画圈处）及翘起来的小枝条。

7

让藤条环抱塔架

一边观察藤条的生长、扩散方向，一边进行调整和固定，让藤条紧密地攀附在塔架上。如果固定的方向与生长方向相反，枝条会变得歪歪扭扭的，一点都不服帖。

春季之后，这个位置会长出新枝

促进新枝萌发的藤条调整法

来年春季以后，为了让植株长出更有活力的优质新枝，此时要对纤细的藤条进行垂直牵引（☆），以避免有活力的粗壮藤条（★）长势变弱。同时，为了保证日照，还要为藤条留出空隙。

8

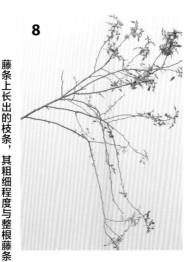

藤条上长出的枝条，其粗细程度与整根藤条相当时的修剪要点

右图（8）中为整理枝条前的样子。剪去过度纤细的枝条及短枝后，回剪纤弱藤条的枝梢。回剪时，就在如图（9）中画圈处那样钻出的芽（优质顶芽）的上方下刀。整理过枝条后（10），把第二长的藤条牵引至塔架上方。

9

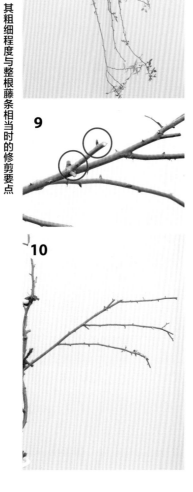

10

11

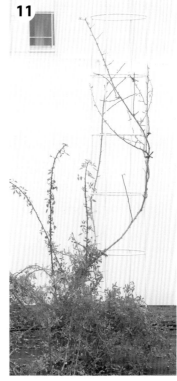

第二根藤条牵引完成

继牵引完长势旺盛的最长藤条后，第二长的藤条也完成了牵引。接下来，从剩余的藤条中，按照长短顺序，从长的开始往塔架的空余位置上牵引，令藤条覆盖塔架。这时尽管剪去细枝，使用粗壮结实的藤条进行牵引。

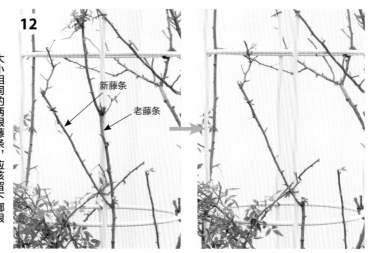

12

新藤条

老藤条

大小相同的两根藤条，应该留下哪根

当相近的位置长有两根长度、粗细相同的藤条时，留下新的那根，把老的剪掉。新藤条长势更好，而老藤条容易从中间位置长出枝条。

13

牵引剩余的藤条

从长藤条开始，依次进行修剪和牵引，逐渐填满塔架的空余位置。

14

多余的藤条连根剪断

让藤条布满整个塔架，如果没有剩余的位置继续牵引，就把多余的藤条连根剪断。

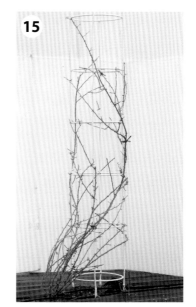

15

修剪与牵引大功告成

藤条均匀地分布在塔架上，没有了多余的藤条，外形变得干净清爽。

76

基础 施寒肥与土壤改良

最佳时期为 12 月
至来年 2 月

完成了修剪和牵引工作之后，就该施寒肥了。施寒肥是指在植株休眠的冬季，为植株施加有机固体肥料的工作。施寒肥有助于根系生长与发芽。进行土壤改良时，在土壤里面拌入腐叶土等，为来年春季藤本月季的生长做准备。

准备材料

腐叶土、有机固体肥料（参见第 11 页）、铁锹。

拌入腐叶土与肥料

在挖出来的土壤中，拌入分量为其 1/3 的腐叶土及规定量的有机固体肥料，用铁锹充分搅拌。

挖掘植株四周的土壤

在距离植株基部 30~50cm 处挖一圈环形的土沟，深 20cm，宽 20cm。

在挖好的土沟里也加入腐叶土

在土沟里也铺满腐叶土，厚度刚好遮住表面的土壤（2~3cm 厚），并与土壤混合起来。

去除石块

如果挖掘出来的土壤中混有石块，则把它们挑出扔掉。

把土壤填回沟中

将步骤 3 中拌入了腐叶土和肥料的土壤填回沟中即可。

藤本月季的主要病虫害及防治方法

为了让植株更饱满，尽量多保留叶片，通过叶片的光合作用制造出大量养分极为关键。调整环境的同时采取预防措施，万一发生了病虫害，则在早期阶段及时治疗，将伤害控制在最低程度。下面将介绍主要的病虫害及其发生时期，以及相应的防治方法。

藤本月季的病虫害月历

以关东以西为准（气候类似我国长江流域）

	1	2	3	4	5	6	7	8	9	10	11	12
疾病						黑斑病			黑斑病			
					白粉病				白粉病			
					根癌病							
				枯枝病								
			霜霉病						霜霉病			
						灰霉病						
害虫						蚜虫						
					甘蓝夜蛾（幼虫）							
				月季白轮盾蚧								
					茎蜂							
					红蜘蛛							
		象鼻虫										
			星天牛									
			金龟子									

藤本月季的主要病虫害及对策

疾病名称	出现时期	症状、预防及对策
黑斑病	6—7月 9—10月	【症状】植株下方的叶片表面出现黑色斑点并扩散开来，叶片最终变黄掉落。假如任其发展，还会传染给周围的植株。幼苗抵抗力差，染病后有可能枯死。 【预防】避免在傍晚浇水。剪去植株基部的老枝，加强通风。将盆栽转移至避雨的屋檐下便能有效预防。 【对策】清理感染的叶片及其上下方的叶片、落叶。为染病植株和周围的植株喷洒嗪氨灵杀菌剂等药剂。如果疾病仍在扩散，则每隔三四天连续喷药3次。
白粉病	4—6月 9—11月	【症状】叶片表面覆上了一层白色霉菌，像是给花蕾、花茎、新叶吹上了一层粉末似的。感染加深时虽不会导致落叶，却会阻碍植株发育。 【预防】加强日照和通风。减少氮含量高的肥料。预防性的消毒极为有效。 【对策】摘除染病的部位。为染病植株和周围的植株喷洒四氟醚唑杀菌剂等药剂。如果疾病仍在扩散，则每隔三四天连续喷药3次。
根癌病	全年	【症状】根系的一部分像肿瘤一样肿大起来，不断夺取月季的养分，让植株变得衰弱。还会感染周围的植株。 【预防】购买苗时，仔细检查植株基部。注意避开高温潮湿的环境。 【对策】去除肿瘤或拔掉整棵植株，还需清理掉周围的土壤。用过的工具由于附着了病原菌，会成为传染其他植株的感染源，因此要做消毒处理。

（续）

疾病名称	出现时期	症状、预防及对策
枯枝病	5—10月	【症状】嫩枝的部分位置会出现黄色至褐色的斑点。植株会从切口、嫁接点等伤口处染病，最终枯萎。当疾病扩散至整棵植株时，从病斑部开始蔓延，染病枝条的枝梢和花朵会枯死。 【预防】加强日照与排水。冬季修剪时去除杂乱的枝条。 【对策】一旦发现发病的枝条，立即剪去。
霜霉病	3—6月 9—11月	【症状】起初叶片上会出现浅黄色的斑点。随着症状加深，斑点会变成褐色，然后叶片掉落。疾病最早发生在植株下方的叶片上，接着逐渐向上扩散。 【预防】加强日照与排水，避免过湿。下雨之前，将预防药剂均匀喷洒于叶片的正反面。 【对策】摘除有病斑的部分。盆栽的话则进行移栽，并更换土壤。尽量在早期喷洒代森锰水合剂等有针对性的药剂。
灰霉病	3—12月	【症状】花朵和茎出现腐烂现象，就像融化一般，随着病情加重，灰色的霉菌会出现在花、叶、切口、伤口等处。白花品种会长出大量红色斑点，其他花色的长白色斑点。 【预防】加强通风，注意不要过度浇水。勤剪残花。浇水不要浇到花瓣。发病时期应定期喷洒噻虫胺·甲氰菊酯·嘧菌胺杀虫杀菌剂等药剂。 【对策】枯萎的部位也残留着病原菌，因此应摘除。

害虫名称	出现时期	症状、预防及对策
蚜虫 NP-Y.Itoh	4—11月	【症状】长度1mm左右的绿色或黑色昆虫，会成群地附着在花蕾、新芽、嫩叶等处。吸取汁液时会成为病毒的媒介，其排泄物也会引发叶霉病。 【预防】蚜虫讨厌反射光，可以在植株基部铺上铝箔等物，或用强水流冲走蚜虫。 【对策】蚜虫繁殖能力强，防治时需要耐心。可以喷洒渗透性强的杀螟松等药剂，或在根部周围喷洒浸透移行性的粒剂。
甘蓝夜蛾（幼虫） NP-H.Imai	4—11月	【症状】幼时会成群地聚集在叶片里侧，把叶片啃薄。会成长为土色的毛虫，白天潜藏在土壤里，夜间啃食叶片及花朵。 【预防】一旦发现，就轻轻翻起植株基部附近的表层土壤，迅速捕杀。 【对策】毛虫一旦长大，药剂就很难生效了，要尽早发现，喷洒甲氨基阿维菌素苯甲酸盐乳剂等有针对性的药剂。
月季白轮盾蚧 NP-M.Fukuda	全年	【症状】属于成虫难以驱除的害虫之一。寄生在靠近地面的枝条上吸取汁液，密集地繁殖，将枝条覆盖并呈白色。会阻碍新枝、新叶的生长，造成枯枝。 【预防】加强通风。 【对策】趁害虫数量不多时，用牙刷等将其刷落。幼虫掉到地面后仍然会存活下去，因此要小心虫害复发。可在整棵植株上喷洒有针对性的甲嘧硫磷乳剂等药剂，防止复发。

（续）

害虫名称	出现时期	症状、预防及对策
茎蜂  *NP-Y.Itoh*	4—11月	【症状】翅膀为黑色、腹部为橙色的小型昆虫。在植株的茎上产卵，孵化出幼虫（如图所示）。幼虫成群地附着在叶片上，将其啃食得只剩下叶脉。 【预防】平日留心观察，趁害虫还小时立刻捕杀。 【对策】幼虫一旦长大，药剂就难以生效了，因此应尽早喷洒有针对性的药剂。另外，害虫大量出现的情况下，也可以喷洒乙酰甲胺磷液剂等药剂。
红蜘蛛  *NP-M.Fukuda*	5—11月	【症状】此虫学名为叶螨，从叶片背面吸取汁液。会在叶片上留下如针扎般的白色斑点。严重时还会结网。 【预防】加强通风，定期用强水流冲洗叶片背面。害虫容易出现在通风差、避雨的环境中。 【对策】一旦发现要立刻驱除。红蜘蛛怕水，因此用强水流冲洗长虫的叶片背面。还可以用胶带把它们粘下来，或者喷洒弥拜菌素水合剂等药剂来驱除。
象鼻虫  *NP-M.Fukuda*	4—5月	【症状】象鼻虫会在花蕾、新芽、柔软的茎上产卵，令其枯萎。花蕾会变黄枯萎，就像烧焦了似的，另一种症状是花蕾下垂。 【预防】清理堆积在植株基部的叶片及掉落的花蕾。 【对策】象鼻虫一旦在花蕾上产卵，便应摘除整个花蕾。它们繁殖迅速，需尽早喷洒噻虫胺·甲氰菊酯·嘧菌胺杀虫杀菌剂等有针对性的药剂。象鼻虫能够越冬，因此得在冬季之前驱除干净。

（续）

害虫名称	出现时期	症状、预防及对策
星天牛 成虫 *NP-M.Fukuda* 幼虫 *NP-Y.Itoh*	5—8月	【症状】一旦星天牛在枝条、树干里产卵并孵化，一两年就会把树木内部啃得空空如也。虫穴中出现的木屑状物体为幼虫的粪便。星天牛会令植株长势衰弱，枝条枯萎。 【预防】星天牛喜欢在长势不佳的植株枝条上产卵，因此要促进植株茁壮生长。修剪时去除枯枝、树皮破烂的枝条。 【对策】植株遭遇虫害时，清理虫穴里的粪便，往里面喷洒园艺专用的氯菊酯杀虫剂等药剂，或者用铁丝等刺死里面的幼虫。
金龟子 成虫 *NP-M.Fukuda* 幼虫 *Y.Kusama*	5—8月	【症状】成虫为富有光泽的甲虫，会啃食花朵和花蕾，于7—8月产卵。幼虫会在土壤中孵化，啃食根系，给藤本月季造成严重的伤害。 【预防】给盆栽换上不含肥料的培养土，这样可以防止金龟子产卵。 【对策】一旦发现成虫，就立即捕杀，或者喷洒有针对性的噻虫胺·甲氰菊酯·嘧菌胺杀虫杀菌剂等药剂。由于幼虫潜藏在土壤里，盆栽得在冬季进行移栽，更新土壤，驱除害虫。此外，也可以把有针对性的噻虫胺水溶剂等药剂注入植株基部。

喷洒药剂的诀窍

充分应用药剂

即使想无农药地培育藤本月季，但种植新苗时，开始的 1~2 年用药剂让病虫害远离植株可谓十分关键。农药中也有讲究安全性的纯天然药剂。当新苗成长为健壮的成株时，建议减少农药或不用农药。

药剂的种类及使用方法

杀菌剂、杀虫剂及兼具两者功效的商品等，药剂的种类可谓丰富多样，包括一直以来常用的和如今的新产品。栽培时，最棘手的害虫和易发生的疾病都会因地区和环境的不同而有差异，所以得在附近的园艺店等地选购好用的药剂。

杀菌杀虫剂的示例

图中为预防、治疗疾病的杀菌剂及驱除植物上的害虫的杀虫剂的二合一版，是一种方便的喷雾剂。

杀虫剂的示例

图中为能有效预防、消灭害虫的颗粒状药剂。只要撒在植株基部，杀虫成分就能被植株吸收，保护植株免受害虫侵害。

喷洒药剂时要戴好手套和口罩。在使用喷雾型药剂前，得把瓶中的液体摇匀后再喷洒。于距离植株 30cm 处喷洒，令药剂均匀地笼罩整棵植株。

用喷雾器喷洒药剂时，要保证喷洒到全部叶片，让叶片表里形成保护膜，但同一棵植株不能喷洒 2 次。

预防药与治疗剂

　　杀菌剂包括了让植株免于疾病发生的预防药，以及防止病情加深的药剂。植株患病后，就算喷洒预防药也毫无效果，相反的情况也是一样。弄清楚应该怎样处理后，再有针对性地使用药剂。另外，关于药剂的喷洒时间，春、秋季间尽量在无风的早晨或傍晚，早春与晚秋则在升温的上午进行。

药剂上都附有使用说明书。上面注明了针对的害虫、使用时期、浓度、次数等，使用时需遵循说明书。

下雨时药剂依然有效

　　即使遇到梅雨、台风、秋雨等雨水不断的时期，药剂也绝不会没有用武之地。对于叶片内侧等不易淋雨的位置，药剂就十分有效，所以发现病虫害的症状时，当机立断地喷洒药剂，及时处理可谓非常关键。此外，添加附着剂可让药剂不易被雨水冲走。

在容易发生病虫害的 6 月喷洒药剂

　　高温潮湿的 6 月是病虫害的多发时期，一旦发生则应及时处理。以下为一些药剂的示例，能有效应对这一时期尤其需要警惕的病虫害。快去选购包含有效成分的针对性商品吧。

黑斑病

　　【预防】喷洒胺磺铜乳剂、克菌丹水合剂等。

　　【治疗】喷洒嗪氨灵杀菌剂、腈菌唑乳剂等。

白粉病

　　【预防】胺磺铜乳剂、百菌清水合剂等。

　　【治疗】喷洒氟菌唑水合剂、甲基硫菌灵水合剂等。

金龟子

　　【对策】对成虫，使用噻虫胺·甲氰菊酯·嘧菌胺杀虫杀菌剂喷雾等。对幼虫，则在植株基部注入噻虫胺水溶剂。

月季白轮盾蚧

　　【对策】在幼虫出现的 6—7 月及 8 月下旬至 10 月间喷洒噻虫胺·甲氰菊酯烟雾剂。

星天牛的幼虫

　　【对策】针对啃食枝干内部的幼虫，向洞穴里喷洒氯菊酯杀虫剂。

* 举例的药剂以 2018 年 3 月为准

问答 Q&A

针对有关藤本月季的造型方法、栽培方面的烦恼、品种疑惑等种种提问，回答其中出现次数较多的问题。

阳台上可以种植藤本月季吗？

阳台朝东，只有上午有阳光。我心仪的月季品种属于藤本型，可以在阳台上种植吗？

东南朝向的阳台可以种植

藤本月季的栽培条件是种植位置得有 5h 以上的日照，或者最少也要有 3h 的直射日照。只要满足条件，阳台朝东也不成问题。用大型种植箱或 12 号以上的深盆栽培，保证水分，如此便能促进藤条生长。夏季，如果阳台的反射光很强，就用托脚等台座，让种植箱离开地板。此外，枯叶、残花、土壤会被风吹走，建议尽早处理。

另一方面，如果阳台的屋檐很深，致使阳光难以照入，枝条容易因日照不足而变得虚弱。再加上是盆栽，根系的生长空间有限，所以比起种植新苗，最好选购已经长好枝条的长藤苗来种。长藤苗的植株有力，因此可以在阳台上种植。

如果日照条件差，就选择长势旺盛的品种。单季开花的品种可在春季鲜艳绽放，而对于四季开花型的半藤本品种，也能欣赏到夏花。

阳台种植的品种推荐

"梦幻薰衣草（Lavender Dream）"
（花色：泛紫的粉色）

"马文山（Malvern Hills）"
（花色：奶黄色）

"雪雁"
（花色：白色，第 14、27 页）

"科妮莉亚"
（花色：粉色，第 46 页）

NP·H·Imai *NP·N.Kamibayashi*

Q 可以在阳台的栏杆上
牵引吗？

　　我家为独院住宅。我想把种在地
面上的藤本月季牵引到二楼阳台的栏杆
上。我需要注意哪些和准备什么工具？

A 可以的。需要注意种植
位置

　　在建筑物的附近，地下多有管道、
地基等，根系的生长空间不够，因此不
必把植株种植在牵引位置的正下方。并
且种植地点靠近房屋时，屋檐会挡住雨
水，可能导致植株缺水。

　　种植后，首先要促进枝条向上生长，
尽量保证叶片与阳光接触。用绳子捆住
新枝的枝梢，配合藤条的生长，向二楼
拉伸绳子，让藤条慢慢接近二楼。

　　为方便牵引与修剪，种植时也得留
出摆放梯凳的空间。

Q 拱门要几年才能开满
花朵？

　　我想让拱门开满花朵，都已经等
不及了，请告诉我促进月季快速生长
的方法。

A 只要满足条件，3 年就
可以达成

　　只要满足栽培条件，3 年就能让藤
条覆满拱门。松软的土壤、日照、温度、
水、肥料、病虫害的防治都是关键。

　　❶ 种植时进行土壤改良，优化土质。

　　❷ 在 4—10 月的月季生长期，浇
水必不可少，肥料也切勿中断。

　　❸ 防治病虫害，以防植株落叶。

　　掌握以上 3 个要点，努力做好日常
养护即可。

Q 请告诉我如何搭建牵引空间

我想让藤本月季攀附在杂物间的外墙上，但是墙壁平坦无法牵引。要怎样才能搭建出让藤条缠绕的空间呢？

 利用螺钉和钢丝

如果是木质墙壁等能够钻钉子的材料，可以用螺丝刀把木螺钉拧进去，在木螺钉间牵上钢丝，这样就能大面积地固定藤条了。

如果用的是家居建材店出售的地脚螺栓、螺钉，还可以在砖块、混凝土块上面架钢丝。钢丝的直径为1.6mm，螺钉的上下间距约30cm，固定钢丝的相邻螺钉的间距约1m即可。

为墙壁搭建牵引空间的方法

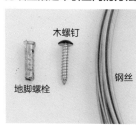

准备工具
木螺钉、地脚螺栓、钢丝，此外还需准备电钻、螺丝刀、钳子。

1 把木螺钉直接拧进墙壁，或者用电钻在墙壁上给地脚螺栓钻孔。

2 无论是木螺钉还是地脚螺栓，都需留出8mm的长度。

3 把钢丝固定在螺钉上。

螺钉与钢丝的间距

螺钉

螺钉

上下间距约30cm

螺钉

螺钉

螺钉间距1m。横向架钢丝。

Q 想在墙壁上牵引藤条，但又不想钻孔

　　我不愿在房屋的外壁上直接钻孔。但又渴望让整面墙壁开满月季。请告诉我有没有什么好办法。

A 活用花格架和格子框架

　　搭建牵引空间时，如果不想在房屋的外壁上钻孔，就灵活利用市面上的花格架和格子框架吧。建议使用高度在2.0~2.5m，宽度在1m左右的花格架或格子框架。若想创建更大的牵引空间，并排摆上好几个就可以了。

　　外壁附近的土壤下方，大多埋有房屋的地基，无法挖洞，因此把它们安装在距离外壁50~100cm的位置。为了牢牢固定住花格架等支撑物的脚，在洞坑里放一个去掉底部的空罐子等物，把花格架的脚放进去后，填入速干型砂浆加以固定。在安装大型塔架和拱门时，也请务必使用这种脚部固定法。藤本月季长大后重量出人意料，所以得留好能稳固支撑藤条的空间。支撑物可能会因台风、积雪的重量而倾斜，因此牢牢固定支撑物的脚部也是培育藤本月季的必要工作。

安装花格架时与外壁平行

距离外壁
50~100cm

把花格架的脚部固定在土壤中的方法

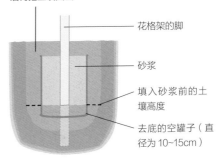

先挖一个大土洞，等砂浆凝固后再把土填回去

花格架的脚

砂浆

填入砂浆前的土壤高度

去底的空罐子（直径为10~15cm）

砂浆有只要拌水就能使用的产品，可在家居建材中心等地方购买。

安装花格架，让藤本月季攀附在其上面，这样也可以挡住不想让人看到的地方。

NP YsHoh

Q 沿着篱笆种植多株月季时，间距几米比较好？

我想并排种植几种藤本月季，把长篱笆给覆盖起来。应该选择哪种藤本月季？还有，种植时需要间隔几米？

 A 确定株高和冠幅后，间距控制在 2~3m

藤本月季分为笔直向上生长的"直立型"、横向扩张的"横张型"，以及兼具两种性质的"半直立型"。不同的品种，其生长的高度、宽度也各不相同。根据篱笆的尺寸，挑选时认真参考苗的标签、书籍、商品手册里的大小吧。基本来说，植株间距为 2~3m 即可。

 Q 有没有无刺的藤本月季？

我因为怕刺而不敢进行修剪和牵引工作。而且家里还有小孩子，很担心被刺伤到。有没有无刺的藤本月季呢？

 A 有的。为您介绍十种藤本月季

有一些少刺或者刺不算尖锐的藤本

月季。请参考以下种类，放心培育自己喜欢的花吧！

藤本"夏雪（Summer Snow）"（花色：白色）

"春友（Spring Pal）"（花色：粉色）

"泽菲林·德鲁安（Zéphirine Drouhin）"（花色：玫瑰红）

"金色河流（Golden River）"（花色：黄色）

"黄木香"（花色：黄色，第 30 页）

"白木香"（花色：白色，第 30 页）

"吉莱纳·德·费利贡德（Ghislaine de Féligonde）"（花色：浅杏色至白色）

"玉鬘（Tamakazura）"（花色：粉色）

"红玉（Kougyoku）"（花色：红色）

"珠玉（Shugyoku）"（花色：橙色）

 Q 牵引时，为什么要让枝条躺下呢？

请问，在冬季进行牵引时，为什么要让枝条躺下呢？

 A 这是在利用顶端优势，增加花朵数量

这种方法利用了"顶端优势"的性质，即让养分集中在枝梢，促进高处芽的生长，开出更多的花朵。令藤条的尖梢横躺，与地面呈水平状，这样枝条上的芽就能充满力量，让花量变得更多。

所有的藤本月季都能长得很长吗？

看到有的人家，月季都爬上了二楼屋顶。藤本月季可以长到多长呢？爬上屋顶的藤条不会缺水吗？

A 长度会因品种和环境而不同

藤条的长度因品种而异，长的有 4m 左右。苗的标签上所标注的大小，都是藤条距离地面的最长长度，终归只是个大概。此外，长度也会因日照、气温、水量等而改变。只要藤条不停生长，长度还有可能超出原本的几倍以上，但考虑到新旧藤条的更新工作，这样还是不大现实。即使爬上屋顶，基本上也不会缺水。

NP-T.Narikiyo

Q 让面朝公路的藤本月季开花，需要注意哪些？

附近有户人家在沿着公路的篱笆上种植了藤本月季，看到行人们羡慕地望着花朵，我也不禁想挑战一番了。应该选择什么样的品种呢？

A 选择刺少的品种

考虑到行人的安全，应该选择刺少的藤本月季，如藤本"夏雪""玉鬘""黄木香"等刺少的月季即可（参见第 90页）。

日常悉心养护，牵引时注意不要让枝条窜到公路上去，如此也不用特别担心刺的问题。另外，如果选择花瓣不易掉落的"拉布瑞特"（参见第 21 页）、"达芬奇（léonardo da Vinci）"，还能减少清扫道路的次数。

NP-Y.Itoh

Q 请告诉我牵引绳的捆绑方法

用绳子固定多根长藤条时，捆绳子真是一件苦差事。捆绑的时候绳子还交缠在一起，工作无法如愿进行。所以想知道专业人士是如何捆绑的呢？

A 长绳的快速捆绑法

有一种方法，不用把麻绳、粗草绳、塑料绳按使用次数剪成一截一截的，把一端留长也能迅速固定。此外，粗壮坚硬的藤条不会突然变粗，因此建议选用粗草绳，能够将藤条牢牢固定。而对于那些今后可能会变粗的嫩枝，则选用柔软的塑料绳，捆得稍微松一点。

用塑料绳的时候，只要按照右边步骤来打结，也能让操作更加迅速。给牵引过程中的藤条或夏季新枝做临时固定时，用塑料绳会更加轻松。

步骤

左手拿着短绳，将支撑物与藤条缠两圈。

把左手的短绳从右手的长绳下方穿过去。

将右手的长绳从短绳下方绕过去，呈缠绕状。

把右手的绳环换到左手拿，再从上方把右手的短绳从图3的绳环中向下穿过。

右手握住短绳，拉扯左手的长绳，这样就捆好了。

Q 做塔架造型时，植株种在哪儿呢？

我打算挑战塔架造型的藤本月季，让其成为庭院的亮点。需要注意些什么呢？

A 庭院栽培时种在塔架外侧，盆栽时种在塔架中心

选择庭院栽培时，把月季种植在塔架外侧的30~50cm处。如果塔架的直径小于50cm，高度低于2.5m，种一株刚刚好。对于大花型的藤本月季而言，直径超过80cm的塔架更容易让藤条卷起来。选择盆栽时，因为每年都要移栽，所以种在塔架的中心。为了让藤本月季更容易牵引，应选择格子宽阔、手可以通过的塔架。

Q 植株下面开不出花朵，要怎么办才好？

枝条老化，下面长不出新枝，导致植株下面开不了花。应该怎么办呢？

A 减少上部枝条，改善土壤

藤本月季的性质是不断向上生长。如果上面长出大量枝条，下面就会缺水、缺营养，加上日照变差，使得植株下部不容易长出新枝。减少上面的枝条，便能让植株下面更容易长出新枝条。另外，冬季也要悉心耕耘植株周围，以植株为圆心，半径1m，对土壤进行改良。根须得到修整后，水分得以遍及根系，土壤中也会长出充满活力的新根，更容易发出新枝。

Q 想了解耐寒性强的品种，以及越冬的方法

我居住在最低气温为-10℃的地区。请告诉我有哪些耐寒性强的藤本月季，以及越冬的注意事项。

A 耐寒性强的品种，越冬时也得留心

新种下的嫁接藤本月季，一旦温度低于-10℃，根系就容易枯死。尽量把土坑挖深一些，改良土壤，让土壤更松软后再进行种植。迎来第一个冬季时，需在植株基部覆上树皮屑、腐叶土等用以护根，罩上无纺布以保护枝条（参见第58页）。

枝条坚硬紧致的藤本月季耐寒性强，十分健壮。耐寒性强的品种有"新曙光（New Dawn）"、"艾伯丁（Albertine）"、"保罗的喜马拉雅"、"西班牙美人（Spanish Beauty）"、"约克城（City of York）"及法国蔷薇（*Rosa gallica*）系列等。

Q 藤本月季的寿命
长吗？

樱花树和橄榄树感觉都挺长寿的，那藤本月季呢？

A 通过剪枝来更新换代枝条，便可以让植株长寿

在日本山梨县富士温泉医院的院子里，有一株45年前种下的藤本月季，如今还在拱门上开花。其实几年前，这株月季还发不出新枝，花量也不多。老枝的表皮凹凸不平到让人以为上面是不是发了芽，于是，人们用剪刀一口气剪去了基部附近的多根老枝，还在周围进行了翻土，改良了土壤。接着，次年春季就发出了新的枝条。栽培新手喜欢保留粗壮坚硬的枝条，但如果有新的枝条，就悉心培育新枝而剪去老枝，如此持续更新，这种植物活上100年也有可能。

Q 藤本月季能在阴凉处
生长吗？

有的藤本月季能在日照时长只有四五个小时的阴凉处生长吗？

A 有多种能在阴凉处生长的藤本月季

在阴凉处种植时需注意以下4点：

❶ 土壤的排水性好。

❷ 植株高度超过1.5m后定植庭院。

❸ 加强通风。

❹ 预防疾病。

藤本月季中，枝条柔软、生长性好的蔓性月季即使在阴凉处也容易开花。具体品种如下：

古典月季（原种、突厥蔷薇、法国蔷薇、诺瑟特蔷薇）

"阿利斯特·斯特拉·格雷（Alister Stella Gray）"（花色：杏色）

藤本"冰山"（花色：白色，第26页）

"吉莱纳·德·费利贡德"（花色：浅杏色至白色）

"新曙光"（花色：浅粉色）

"约克城"（花色：白色）

"阿尔贝里克"（花色：象牙色，第31页）

"潘尼洛普（Penelope）"（花色：白色至浅粉色）

"粉红努塞特（Blush Noisette）"（花色：浅粉色）

"繁荣"（花色：白色，第27页）等

品种名索引

* 粗体字代表该品种在不同株高的藤本和半藤本品种推荐中进行介绍

Original Japanese title: NHK SHUMI NO ENGEI 12 KAGETSU SAIBAI NAVI ⑧ TSURUBARA Copyright
© 2018 GOTO Midori
Original Japanese edition published by NHK Publishing, Inc. Simplified Chinese translation rights arranged with NHK Publishing,Inc. through The English Agency (Japan) Ltd. and Eric Yang Agency

本书由NHK出版授权机械工业出版社在中国大陆地区（不包括香港、澳门特别行政区及台湾地区）出版与发行。未经许可之出口，视为违反著作权法，将受法律之制裁。

北京市版权局著作权合同登记 图字：01-2018-6293号。

图书在版编目（CIP）数据

藤本月季·玫瑰12月栽培笔记 /（日）后藤绿著；谢鹰译. — 北京：机械工业出版社，2019.6（2022.6重印）
（NHK趣味园艺）
ISBN 978−7−111−62333−5

Ⅰ. ①藤… Ⅱ. ①后… ②谢… Ⅲ. ①月季 – 观赏园艺 ②玫瑰花 – 观赏园艺 Ⅳ. ①S685.12

中国版本图书馆CIP数据核字（2019）第054479号

机械工业出版社（北京市百万庄大街22号 邮政编码100037）
策划编辑：于翠翠 责任编辑：于翠翠 陈 洁
责任校对：梁 静 责任印制：李 昂
北京瑞禾彩色印刷有限公司印刷

2022年6月第1版·第5次印刷
148mm×210mm·3印张·3插页·79千字
标准书号：ISBN 978−7−111−62333−5
定价：35.00元

电话服务 网络服务
客服电话：010−88361066 机 工 官 网：www.cmpbook.com
　　　　　010−88379833 机 工 官 博：weibo.com/cmp1952
　　　　　010−68326294 金 书 网：www.golden-book.com
封底无防伪标均为盗版 机工教育服务网：www.cmpedu.com

封面设计
冈本一宣设计事务所

正文设计
山内迦津子、林圣子
（山内浩史设计室）

封面摄影
今井秀治

正文摄影
樱野良充
伊藤善规/今井秀治/大泉省吾/上林德宽/竹前朗/田中雅也/简井雅之/成清彻也/福区将之/福田稔/牧稔人/丸山滋

插图
楢崎义信
太良慈朗（角色插图）

原书校对
安藤干江/高桥尚树

原书协助编辑
仓重香理

原书策划·编辑
渡边凉子（NHK出版）

协助取材·照片提供
小松花园
安藤纪子/安仲丽子/English Rose Garden/大须贺由美子/小泽乐邦 纯子/小高静子/加藤靖子/神奈川县立Flower Center大船植物园/轻井泽湖泊花园/河合伸志/川升修 阳子/木村富/银河庭院/草间佑辅/京王Flora Garden Ange/京成玫瑰园艺/京阪园艺/The Treasure Garden馆林/竹花靖子/土屋悟/David Austin Roses/Huis Ten Bosch/服部孝子/服部初子/玫瑰之家/枚方公园/富士温泉医院/实野里Favorate Garden/横滨English Garden/花Festa纪念公园